Rainbow series
the ORANGE

the ORANGE
머묾 여행

박상준 송윤경 조정희

무조건 지금 떠나는 개인 취향 여행
Rainbow series

차
례

공간의 틈 안에 사유 찾아, 머묾

박상준

오감과 감성이 깨어나, 머묾

송윤경

어느 순간 속 영감이 피어올라, 머묾

조정희

the ORANGE •
33곳의 머물기 좋은 여행지

더 오래 •
더 오래 머물 수 있는 이유

더 깊게 •
더 깊게 사유하고 깨우고 영감을 받는 방법

QR 코드
메인 장소의 전용 홈페이지이거나 그 지역의 문화 관광 홈페이지
(관련 홈페이지나 온라인 정보가 없는 곳은 제외)

•

사유하고
깨우고
피어오르는
the ORANGE 머묾 여행

———

창조의 색 ORANGE

생각은 생각의 꼬리를 물고 찾아옵니다.
생각하기 위해 생각을 하면
생각은 저 멀리
다른 세상으로 넘어가 버리죠.

잠시
복잡한 일상과 거리를 둡니다.
때로
머무는 순간이 필요합니다.

나를 돌아볼 수 있습니다.
행동할 수 있도록 격려해 줍니다.
창조적 생각은 사실
우리의 생각 속에 있다는 것을
발견합니다.

더 나은 하루를 위해
잘 살아가기 위해

the ORANGE 머묾 여행과 함께

#01

대구
사유원

·

사유라는 말이
무겁다면
그냥 생각이라고 하자
깊고 푸른 숲을 걸으며
높고 반듯하여 차가운 지붕 아래에서
잠잠히 생각하는 시간
당신이 아닌
내가 나를 두루 헤아려 보는 일

—

#사유의시간 #생각의시간 #숲을거니는 #사유의건축
#공간이명상이되는 #숲에서하루

· 사유원 ·

대구 군위 부계면 치산효령로 1176
054-383-1278

the ORANGE •

사유원은 나를 마주하는 숲이다. 숲에서는 산책이 생각일 테다. 한 걸음을 딛고 그다음 한 걸음을 디디며 서두르지 않고 묵묵하게 앞으로 나아가는 일. 사유원의 길은 목련길, 모과길, 백일홍길, 고승길 네 가지로 나뉜다. 팔공산 갈래 66만㎡(약 20만 평)의 숲속에서 길은 서로 겹치기도 하고 거스르기도 한다. 그러니 이름은 있지만 코스에 집착한 걸음을 낼 까닭은 없다. 때로는 그 길 위에서 누군가의 생각을 거울삼는 것도 방법이다.

사유원 네 가지 길은 쉼표처럼 자리한 장소를 잇대며 나아간다. 건축가 알바로 시자, 승효상, 최욱 그리고 조경가 정영선 등이 지은 공간이다. 5만 원(주말, 공휴일 6만 9천 원)이라는 만만하지 않은 입장료에도 불구하고, 기어이 사유원을 찾는 건 푸른 숲을 마주하는 일과 이들이 펼쳐놓은 생각의 공간에 머물 수 있는 이유가 크다.

출입구에서 가장 먼저 마주하는 건 반가사유상의 사진이다. 사유원의 이름도 반가사유상에서 나왔다. 입장 전에는 위치를 표시하는 비컨(beacon) 목걸이를 걸어준다. 부지가 너른 까닭에 관람객의 안전을 위함이다. 한편으로는 욕심을 덜어내라는 당부처럼 다가온다. 사유원의 숲과 공간을 거니는 건 마치 느슨한 순례

같기도 하다. 다 돌아보기 위해서 한나절은 족히 걸린다. 그럼에
도 돌아 나올 즈음에는 놓치고 지난 무언가가 남아 있을 수밖에
없다. 그러니 미션을 완수하듯 정복의 기세로 덤비기보다, 마음
맞는 친구를 찾듯 감정이 통하는 장소에서 오래 머물며 교감하는
사유가 알맞다.

먼저 알바로 시자(Alvaro Siza)의 소요헌이 이끄는 대로 몸
과 마음을 맡겼다. 알바로 시자는 '건축의 시인'이라 불리는 건축
가다. 소요헌은 원래 파블로 피카소(Pablo Picasso)의 〈게르니카
(Guernica)〉 전시를 위해 스페인 마드리드에 지어질 미술관 프로
젝트였으나 무산됐다. 사유원 설립자 유재성 회장의 설득으로 사
유원에 맞게 지었다.

거대한 콘크리트 박스 위로 치솟은 코르텐(corten, 내후성) 철
강 구조물은, 그래서 실은 지붕을 뚫고 들어온 포탄을 상징한다.
게르니카가 스페인 내전의 참상을 주제로 한 작품이었고 보면,
6·25전쟁의 격전지였던 팔공산과 그 의미가 다르지 않다. 이 또
한 건축물의 운명이다. 하지만 지나치게 경직되거나 무거워질 까
닭은 없다. 소요(逍遙)는 '자유롭게 이리저리 슬슬 거닐며 돌아다
님'을 뜻하는 말이다. 그냥 소풍 나온 듯 유유히 걸어 다녀 볼 일
이다. 벽과 벽의 면이 만나 틈새가 열리며, 빛이 서리고 풀과 나무

가 어린다. 원체 높고 깊은 집이라 대체로 부딪치는 건 차가운 여백의 울림이다. 그 빈자리들이 궁금해서 순환하는 공간을 서성이며 떠돌았다.

한참 만에 소요헌을 나와서는 맞은편 숲속 소대(巢臺)를 보며 걸었다. 소대는 산중에 비쭉 솟은 20.5m 높이의 기울어진 전망탑이다. 이 또한 알바로 시자의 작품이다. 기울어진 탑을 오르는 느낌은 꽤나 기묘해서, 동서남북의 풍경이 높아지며 나타날 때마다 계단참에서 걸음을 멈춘다. 소대는 새 둥지를 뜻하는 말이다.

그 속에서 나는 부화를 앞둔 작은 새알이 된다. 그러고 보니 소요헌으로 제비가 날아드는 것도, 제비집을 본 듯도 하다. 비워야 할 것은 무엇이고 품어 키워야 할 것은 무엇일까? 이제 막 사유원의 첫 번째 공간을 보았을 뿐인데 두루뭉술한 생각의 질문이 소대처럼 집을 짓는다.

더 오래 •

　사유원의 출발은 모과나무다. 유재성 회장이 300년 된 모과나무 네 그루가 일본으로 팔려 나가는 것이 안타까워 사들인 게 계기다. 그 나무를 가져와 심었다. 그리 모은 모과나무가 108그루, 그 나무를 한데 모아 심은 장소가 사유원의 풍설기천년이다. 조경가 정영선, 박승진이 꾸몄다.

　풍설기천년은 위치만 보면 사유원의 심장부다. 그 정원의 이름이 의미심장한데, 바람과 눈비를 맞으며 천년 가는 정원이 되기를 바라는 마음이 담겨 있다. 나무마다 언제 어디서 구입했는지 이력을 적어 모과나무에 쏟는 정성을 짐작케 한다. 연못 주위로 층층이 쌓은 코르텐 철강 단 위에 모과나무들이 뿌리내린 풍경은 풍요롭고 아름답다. 모과가 달리는 철에는 달콤한 향이 바람에 실려 날아든다. 가장 나이 많은 나무는 600살이다.

　풍설기천년 바로 아래쪽은 별유동천이다. 200년 넘은 배롱나무가 자리 잡았다. 일본 조경가 카와기시 마츠노부(Kawagishi Matsunobu)가 2014년에 디자인했다. 여름이면 배롱나무꽃이 만개해 별천지를 방불케 한다. 2009년 사유원 부지에 처음 이식한 나무가 배롱나무다.

더 깊게 •

　사유원 건축의 줄기는 건축가 승효상이 잡았다. 승효상 역시 사유의 건축가다. 사유원의 최초 건축물인 현암과 물의 정원을 품은 레스토랑 사담을 그가 지었다. 현암은 '오묘하고 아름다운 집'으로, 일대의 산세를 수평 파노라마로 간직한다. 집 그 자체의 풍경이 곧 사유인 공간이다. 반면 사담은 창밖으로 네모난 정원과 숲을 품는다. 생태 연못과 식사 공간인 몽몽미방으로 구성되어 있다. 생태 연못은 계곡의 물을 가두어 만들었다. 아담하고 고요하며 우아하다.

　무엇보다 명정과 와사는 사유의 깊이를 더하는 장소다. 명정은 승효상이 건축으로 표현한 사유의 세계다. 작은 성소와 좁은 통로만으로 이뤄져 있다. 현재의 삶과 죽음 이후의 삶이 교차하는 장소다. 맴을 돌 듯 땅으로 스미어 거울 연못에 다다르면 멍하니, 물과 하늘만 번갈아 보게 된다. 와사는 물길을 따라 누워 있어서 그리 부른다. 연못의 낙차를 따라 이어지는 철판의 통로이자 작은 수도원이다. 숲과는 다른 산책과 명상의 시간을 선사한다.

#02

부산
이우환 공간

·

돌과 철판이 나란하고
돌과 유리판이 파열하고
점을 찍고
선을 그은
'대화'나 '관계'
알 듯 모를 듯
공간에 가득한
색과 형태의 메아리

—

#돌과철판의대화 #관계하는감정 #RM이좋아한바람 #대화와소통
#그냥보이는만큼 #오롯한느낌으로

• 이우환 공간 •

부산 해운대 APEC로 58 부산시립미술관 내
051-744-2602

the ORANGE •

　이우환 작가는 '시적인 순간'을 작업한다. 그 찰나의 감응을 일반화하고 보편화하면 작품이 된다. 돌과 철, 유리의 설치이거나 간결한 점이나 선의 회화 말이다. 실은 단박에 알아챌 수 없는 모호하고 알쏭달쏭한 형식에 '뭐지?' 하는 물음을 던지게도 한다. 그래도 오래 보고 있으면 나만의 감상들이 생겨난다. 굳이 단어로 적자면 사색일 테고, 작가의 작명을 빌리자면 '관계항'이 생기는 일이고, 예술과 '대화'의 물꼬가 트이는 일이다.

　이우환 공간은 부산시립미술관 안에 있다. 야외 잔디밭에는 그의 작품 「관계항」(2015) 「회의」(2013) 「관계항-안과 밖의 공간」(2016) 「관계항-길 모퉁이」(2015)가 반긴다. 실내 전시실은 1층과 2층이다. 각각 '방'이라 불린다. 첫 번째 방, 통로 방, 마지막 방 등이다. 1층 방에는 원래 제자리였거나 제자리를 찾은 듯한 돌과 철판과 유리가 맞이한다. 그에 앞서서 귀가 먼저 반응한다. 동종 소리가 공간 전체에 둥둥 하고 울린다. 전시를 관람하는 내내 작가의 음성처럼 따라다닌다.

　처음 시선을 끈 작품은 1969년 작품 「관계항-지각과 현상」이다. 커다란 유리판 위에 돌을 떨어뜨려 생긴(깨진) 균열이 인상적이다. 그가 지각한 1969년의 현상은 21세기 우리에게는 다른 질문일까? 캔버스 3매를 전시한 「물(物)과 언어」(1969, 2015)를 제외하면, 1층 모든 작품은 '관계항'이다. 그게 답일 수 있겠다.

2층 회화 방은 「선으로부터」「점으로부터」 등 1970~80년대의 회화작품이 첫인상이다. 1988년도와 1990년도 작품인 「바람과 함께」도 눈길을 끈다. BTS 멤버 RM이 좋아했다는 그 '바람' 시리즈다. 중앙 방과 벽화 방, 마지막 방은 모두가 「대화」라는 제목의 작품들이다. 2011년, 2015년, 2018년, 2019년 각기 다른 연도의 작품이다. 특히 중앙 방에는 그릇 같고 점 같은 무늬의 작품이 사면을 채운다. 같은 자리에 끊임없이 반복된 붓질이었는데, 통로 방 안쪽에서 본 다큐멘터리 영상에 그 과정이 잘 나온다.

그의 작품을 반복해 방을 돌아다니다 보면, 꼭 예술에 답이 있어야 하나, 하는 생각이 든다. 작가 또한 그 답을 찾으려는 창작 과정이 결국 작품이 되었겠지. 그러니 일생의 한 작품이 아닌 연도마다 다른 작품들이 탄생한 것 아닐까? 그래서 이곳은 이우환 '공간'인 것이고. 일본 나오시마에 이미 이우환 미술관이 있어서 붙인 다른 이름만은 아닐 것이다. 공간(空間)은 '아무것도 없는 빈 곳'이다. 좋은 감흥을 얻었다면 채워지길 기다리는 공간이고, 아무런 감흥도 없었다면 생각을 비워낸 공간일 수도 있고. 그래도 내 경우는 이곳에 올 때마다 몽글몽글했던 감상이 조각처럼 깎여 점점 형상을 잡는다. 바위의 오목한 그늘이, 녹슨 철판의 상처 난 면면이, 호흡처럼 반복한 붓질이, 눈에 익을 때까지 기다려 볼 수 있는 어떤 빛들이 번번이 말을 건다. 작가는 그걸 항(項)이라고 말하는 것 같다. 우리를 이루는 또는 우리 사이에 놓인 요소들의 합, 관계의 항 말이다.

실내는 모든 형태의 촬영을 금지한다. 있는 그대로 그곳의 공기 안에서 온전하게 느껴보라는 의미다. 그래서 우리가 미리 볼 수 있는 실내 전시 작품은 미술관이 제공한 몇 장의 사진과 야외 작품 외에는 없다. 가보기 전에는 알 수 없는 모습이다. '대화'가 눈을 보며 하는 것이듯 말이다.

이우환 공간에 가면 늘 머무는 자리가 있다. 하나는 2층으로 오르는 계단이다. 눈높이가 높아지면 야외 정원의 작품이 다른 구도로 보인다. 특히 가장자리 「관계항-길모퉁이」에 한참 동안 눈을 떼지 못한다. 철판을 구부려 땅 위에 세우고 슬며시 돌 하나를 기댄 작품이다. 벽에 기대어 스치듯, 막 모퉁이를 돌아서는 바위의 뒷모습은 그대로 시간은 멈춘 채 억겁이 흐른 듯하다. 하지만 구부러진 철판은 그가 기댈 수 있는 유일한 존재라서 어떤 슬픈 장면의 정지 화면 같기도 하다. 저 길모퉁이를 돌면 생의 끝이 나타날까? 아니면 새로운 삶이 지속될까?

2층 마지막 방의 「대화」(2015)는 돌 하나가 캔버스를 마주한 작품이다. 이곳이 가장 길게 머무는 또 하나의 자리다. 커다란 돌덩이는 가부좌를 튼 고승 같다. 하얀 캔버스를 보며 벽면 수행하는 돌이라니. 한 치의 움직임도 없어서, 그건 사람이 흉내 낼 수 없는 경지라서, 마침내 돌은 하나의 상이 되고 거울이 되어 지금 내 모습을 비춰보게 된다. 그럼 그곳이 '관계항'의 '길모퉁이' 같다. 이제는 내 곁에 없는 사랑하는 이들의 얼굴이 차례로 떠오른다. 사람은 존재하지 않는데 사랑은 남아 있어서, 나는 그 사랑에 기대고 의지해 살아가고 있다.

더 깊게 •

　이우환 작가의 미술관은 국내외에 세 곳이다. 부산 이우환 공간 외에 일본 나오시마(Naoshima)와 프랑스 아를(Arles)에 있다. 나오시마는 예술의 섬 프로젝트로 유명하고, 아를은 빈센트 반 고흐가 「해바라기」(1888) 「밤의 카페 테라스」(1888)를 남긴 도시로 알려졌다. 두 곳 모두 안도 다다오(Ando Tadao)의 손길을 거쳤다. 나오시마 이우환 미술관은 안도 다다오가 설계했고, 아를의 미술관은 3층 주택을 보수하는 과정에 참여했다.

　부산 이우환 공간은 이우환 작가가 직접 참여했다. 그는 '공간 자체를 하나의 작품'으로 보았다. 입지 선정과 기본 설계, 세부 설계 과정 그리고 작품의 배치 등 모든 요소에 의도를 반영했다. 간결하고 정직한 직육면체 구조 역시 작가의 아이디어다. 내부 전시실을 방 단위로 구성한 건 작품과 작품 사이, 감상의 쉼표를 부여하기 위함이다. 다음 작품으로 넘어갈 때까지 여운과 기대의 시간이 깃든다. 이를 미술에 조예가 깊은 안용대 건축가(가가건축사사무소)가 완성했다.

　이우환 공간은 낮과 밤의 표정이 다르다. 낮에는 짙은 유리창이 캔버스처럼 바깥 풍경을 반영한다. 야간 조명이 켜지면 반대로 내부가 훤히 들여다보인다. 어둠 가운데 너른 빛의 면이 정원을 비춘다.

#03

서울
삼청공원 숲속도서관

·

책갈피 대신
나뭇잎 한 장이 마르기를
애타게 기다리던 한 계절의 호흡이
우리에게 있어요
책장을 넘기는 건
때로는 바람의 힘이기도 합니다

—

#서울의숲 #생각의숲 #책이나에게 #숲과커피
#나무그늘아래 #다정한하루

· 삼청공원 숲속도서관 ·

서울 종로 북촌로 134-3 삼청공원 내
02-734-3900

the ORANGE •

부산에서 일을 끝내고 사하구의 한 도서관에 들렀다. 남쪽 창가에서 『이어령의 마지막 수업』(열림원, 2021)을 읽었다. 책을 읽다 고개를 들면 다대포해수욕장이 보였다. 바다를 보고 있으니 조금 전 읽은 "우리는 영원히 타인을 모르는 거야. 안다고 착각할 뿐"이라는 문장에 고개가 끄덕여졌다.

내게 도서관은 소중한 여행지다. 서가 가득한 책과 쉼과 사유의 창이 있다. 그때 사유라는 단어는 도서관 창밖으로 보이는 바다나 하늘, 나무와 숲이기도 해서, 책장을 넘기듯 가볍게 품을 수 있다. 부산만이 아니다. 전국 구석구석, 도서관은 만인에게 열린 사유의 집이다. 이제 이야기하려는 곳은 삼청공원 숲속도서관이다.

"1년 전 서울에 있는 삼청공원 숲속도서관에서 혁신의 미래를 보았다."

『아날로그의 반격』(어크로스, 2017)의 작가 데이비드 색스(David Sax)는 2018년 12월 뉴욕타임스에 "혁신에 대한 집착을 끝내다"라는 글을 기고했다. 혁신이란 단어는 여행이나 도서관 또는 숲속 공원과 썩 잘 어울리지는 않는다. 혁신은 마천루 도시 한가운데에 있을 법한 말이다. 편견일 테다. 그럼에도 삼청공원 숲

속도서관에서 책장을 넘기다, 창밖의 공원을 넋 놓고 바라보다가, 나는 데이비드 색스가 무엇을 느꼈는지 어렴잖게 알 수 있었다.

한때는 부암동에서 살아 북악산 넘어 삼청공원 숲속도서관에 들르곤 했다. 삼청동의 번화한 골목이 아닌 오직 삼청공원 숲속 도서관이 목적지였다. 요즘도 종종 이곳을 찾는다. 숲속의 집과 나무, 바람과 새소리 그리고 잠잠히 어울리는 커피 향. 서울에 속한 땅이지만 서울이라는 게 믿기지 않는 장소다. 5분만 걸으면 삼청동 명소가 줄지어 자리하고, 또 불과 5분 거리에 북악산을 향하는 말바위 등산로가 열린다. 적당히 카페답고 또 적당히 자연스러운 두 가지를 모두 가지려는 건 욕심이라 생각했다. 그 욕심이 이뤄지는 곳이 이리 가까이 있다는 건 또 얼마나 다행한 일인가.

삼청공원 숲속도서관은 이소진 건축가(아틀리에 리옹)가 맡아 디자인했다. 그가 지은 건축은 숲속의 샘 같다. 나는 그가 지은 건물 안에서 양손을 모아, 그곳의 공기를 한 움큼 쥐어 마신다.

"부지의 수목을 그대로 살려 자연과 건축이 누가 먼저 오게 되었는지 모르도록 하고 싶었다."

〈공간, 우리가 함께하는 그곳〉(동대문디자인플라자, 2016) 강연에서 이소진 건축가가 '삼청공원 숲속도서관'에 관해 한 말이다. 도서관은 원래 삼청공원 매점이 있던 자리다. 그 터 위에 도

서관을 지으며 마치 그곳에 오래 있던 건물처럼 얹히고 싶었다고 말하는 것이다. 책과 도서관과 숲이 서로에게 기대어 이웃하는 공간 말이다. 그래서 그 자리에 있던 길과 나무를 최대한 건드리지 않고 지었다. 길과 나무 사이에 살며시 들어앉은 도서관. 건물의 존재를 알아채게 하는 것이 아니라 모르게 하고 싶었다는 말이 오래도록 기억에 남는다. 혁신이란 "묵은 풍속, 관습, 조직, 방법 따위를 완전히 바꾸어서 새롭게 함"을 뜻하는 말이다. 삼청공원 숲속도서관은 바꾸기보다는 스며들어 혁신을 이룬다. 거창하거나 장대하지 않고 소소하며 친밀한 건축의 언어가 정겹다. 혁신의 미래가 이런 것이라면, 나는 기꺼이 혁명가가 되련다.

더 오래 •

삼청공원 숲속도서관 안에는 카페가 있다. 아담한 실내여서 카페와 도서관은 다정한 이웃처럼 자리한다. 예전에는 도서관 안에서 커피를 마실 수도 있었다. 지금은 테이크아웃 한 후 삼청공원에서 도서관을 바라보며 즐긴다. 그 또한 운치 있다. 도서관의 또 다른 특징은 '창문자리'다. 창가는 깊이가 족히 1미터는 되어 상자처럼 보인다. 자연스레 창턱에 작은 마루가 생긴다. 아늑해서 다락 같기도 하다. 길이는 2m 정도라 두 사람 정도는 마주 앉을 수 있다. 아이와 함께 책을 읽을 수 있고, 홀로 온 어른도 신발을 벗고 올라가 독서한다.

책 한 권을 꺼내서는 창턱에 기대앉는다. 창밖으로 공원의 숲과 나무가 보인다. 잔잔한 초록이 바람에 일렁이는 걸 묵묵히 감상한다. 달랑 유리창 하나를 사이에 두고 있으니 공원이 무척 가깝다. 숲속의 나무 그늘에서 책을 읽는 듯하다. 바깥의 소리는 들리지 않지만 책장을 넘길 때 '스윽'하는 건 바람의 흔적인 것만 같다. 삼청공원 숲속도서관에만 있는 생각의 방, 사색의 창이다.

더 깊게 •

공원은 보통 그 너비와 깊이로 가늠한다. 너비는 땅의 면적에서 나오지만, 깊이는 물리적으로 만들 수 없다. 숲의 깊이라는 건 나무의 나이고 나이라는 건 더딘 세월이 흘러 이른 풍경이다. 그래서 삼청공원은 작지만 큰 공원이다. 1940년 우리나라 도시계획 공원 제1호로 문을 열었으니 무려 80여 년 시간이다. 소나무, 단풍나무, 벚나무 고목이 울창한 숲을 이룬다.

삼청공원은 '한양 도성길 걷기' 코스를 따라 북악산으로 연결된다. 공원과 산은 서로 경계 짓지 않으니 작은 공원은 북악산의 일부라 할 수 있겠다. 그러니 "자연과 건축이 누가 먼저 오게 되었는지 모르도록 하고 싶었다"는 건축가의 말은, 겸손이 아니라 자연에 구하는 양해의 말이었다. 또 삼청공원 숲속도서관의 가장 큰 책은 공원일지 모르겠다. 공원에서 자라는 크고 작은 나무일지 모르겠다. 봄날 벚꽃 필 때는 화사하고 가을 단풍 들 때는 화려하다. 삼청공원의 계절을 읽어나가는 즐거움은, 삼청공원 숲속도서관을 찾는 또 하나의 이유다.

#04

서울
서소문성지 역사박물관

.

믿음은
바라는 것들의 실상
보지 못하는 것들의 증거
믿는다는 위로이고
믿어준다는 위안
서소문 밖 네거리에는
땅속의 성소
그런 죽음의 흔적이 있어

—

#또다른사유의방 #서소문밖네거리 #믿음에관하여 #삶에관하여
#켜켜이쌓인 #콘솔레이션 #좁은문

• 서소문성지 역사박물관 •

서울 중구 칠패로5
02-3147-2401

the ORANGE •

국립중앙박물관 사유의 방에서 반가사유상 두 점을 빌려 사유의 시간을 갖는다. 이때 반가사유상은 불교의 상을 넘어 만인을 위한 사유의 상이다.

서소문성지 역사박물관 역시 종교를 넘어서는 사유 공간이다. 서소문성지 역사박물관은 그 땅에 아로새긴 참혹한 역사에 기반을 둔다. 서소문 밖 네거리는 조선의 공개 사형장이었다. 사육신 성삼문과 박팽년, 「홍길동전」(연도 미상)의 허균, 동학농민군 대장이었던 전봉준 등이 최후를 맞았다. 또한 1801년 신유박해부터 1873년 병인박해까지, 우리나라에서 가장 많은 천주교도가 순교한 성지다.

숭고한 죽음을 기억하는 방법 가운데 하나는 예술이다. 서소문성지 역사박물관은 조각, 회화, 설치미술, 미디어아트 등 다채로운 작품을 전시한다. 「순교자의 칼」(2018)이나 「수난자」(1964) 등 순교를 예술적으로 승화한 작품들은 같은 이유로 인간에 관해 묻기도 한다. 자신의 믿음을 위해 목숨을 던진 숭고함은 쉬이 설명할 수 없다. 지하 1층 이미성 작가의 작품 「How it feels Project-Sleeping Faces」(2019) 앞에 선다. 유럽 여성과 서아시아 여성, 흑인 남성 3명의 렘수면 상태(안구 운동)를 촬영한

영상 위로 개와 외계인, 그리고 부처의 얼굴이 겹친다. '신은 어떻게 세상을 바라보고 느낄까?'라는 질문에서 출발한 프로젝트다. 당신은 어떻게 느끼느냐 묻는다.

지하 3층 콘솔레이션 홀은 고구려 무용총 내부를 모티브로 했다. 두께 약 1.5m, 가로 25m, 세로 10m의 거대한 입방체는 지상 2m 높이에 장대한 성처럼 떠 있다. 박물관에서 가장 깊고 너른 사유의 방이다. 영문 콘솔레이션(consolation)의 뜻은 위안이고 위로다. 이때 위안과 위로는 이 터 위에서 목숨을 잃은 이들을 위한 위로이고, 바쁜 현대인들에게 전하는 위안이다.

살짝 고개를 숙여 안으로 들어서자, 네 면이 모두 멀티 프로젝트 스크린이라는 걸 알겠다. 조선 후기 화가 겸재 정선의 금강전도(金剛全圖) 영상(6분)과 서울 중구의 중림동 약현성당과 명동 대성당 내부 스테인드글라스를 주제로 한 타임 랩스(time lapse, 영상 빨리 감기 기법) 영상(6분 20초) 그리고 레퀴엠(requiem, 위령곡) 영상(14분)이 흐른다. 가운데는 천주교 순교 성인 5인의 유해가 묻힌 제단이다.

영상은 10시 30분부터 시작한다. 하지만 콘솔레이션 홀의 큰 울림은 적막과 고요 사이에 있기도 하다. 나는 상영 전 콘솔레이션 홀을 찾곤 한다. 까마득히 오래된 어둠, 그 가운데 얼마간은

세상에 닫혀 있고 또 얼마간은 열려 있다. 하늘로부터 내린 한 줄기 빛만이 유일하게 중앙의 재단을 비춘다. 삶이란 앞서 견뎌낸 누군가의 삶을 반석 삼아 살아내는 것일까. 신자에게는 믿음의 선배가, 보통의 우리에게는 가족이나 친구, 연인 등이 그런 존재일 테다. 내 앉은 옆자리의 빈 바닥을 손으로 더듬으며 나를 이루는 주변의 존재들을 생각한다.

콘솔레이션 홀을 나와서는 맞은편 하늘광장으로 옮겨간다. 가로·세로 각 33m, 높이 18m의 성큰가든(지하정원)은 머리 위로 반듯한 하늘을 품는다. 양 가장자리에는 두 작품이 자리한다.

이환권 작가의 「영웅」(2017)은 흰색의 긴 창 같지만, 한 사람을 수직으로 길게 늘어놓은 작품이다. 우리 각자가 삶의 영웅이라는 뜻을 내포한다. 정현 작가의 「서 있는 사람들」(2006~2015)은 철길의 일부로 바닥에 누워있던 침목으로 만들었다. 모두 44개의 작품으로, 서소문 밖 네거리에서 순교한 성인 44인을 형상화했다. 자신의 삶을, 자신의 신념대로 꼿꼿하게 살아낸 이들은 이제 파란 하늘 아래 당당히 서 있다. 그들이 다시 내게 묻는다. 당신의 신념은 무엇입니까?

더 오래 •

서소문성지 역사박물관은 지상의 공원에서, 지하 1층 야외 「순교자의 칼」을 지나 박물관 내부로 들어선다. 내부 지하 1층을 돌아보고 성 정하성 기념경당을 지나 지하 3층 콘솔레이션 홀에 다다른다. 그 과정은 성인들이 걸었던 긴 순례의 길을 닮았다. 그리고 콘솔레이션 홀과 하늘광장, 하늘길을 잇는 마지막 구간은 순례의 하이라이트다. 세 장소는 각각으로 존재하고 있지만 관람객은 자연스레 그 순서를 따라 걷는다. 경건한 어둠의 공간에서, 밝은 만남의 장으로, 다시 각자의 내면을 향한다.

하늘길은 그 마지막 통로다. 첫 번째 하늘길은 다시 어둠이다. 어둠 속의 야트막한 오르막은 통로 전체가 미디어아트고 그 끝의 「좁은 문」(2019)을 향해 걷는다. 그리고 통로의 끝에 다다랐을 때, 길의 끝이라고 생각한 그곳에서 두 번째 하늘길이 나타난다. 다시 밝음의 공간이다. 두 번째 하늘길에는 권석만 작가의 「발아」(2019)라는 작품이 있다. 커다란 자연석은 각각의 단면으로 해체되어 위치한다. 비움과 탄생 그리고 채움만으로 판단할 수 없는 기이한 충격이 묵직한 여운으로 남는다.

더 깊게 •

서소문은 한양 도성의 숭례문(남대문)과 돈의문(서대문) 사이에 있던 서쪽 작은 문, 소의문(昭義門)을 가리킨다. 상권이 발달해 사람들로 북적였다. 그러니 서소문 밖 네거리가 조선의 공개 처형장으로 쓰인 건, 권력자가 보내는 통치의 메시지이기도 했다. 서소문성지 역사박물관이 개관하기 전에는 서소문 근린공원과 주차장 등이 있었다. 그 터 위에 박물관을 지었다. 박물관이 순례의 동선을 갖고 박스 형태의 전시 공간이 많은 이유는, 옛 지하 주차장의 구조와 무관하지 않다.

대부분의 시설이 지하에 있는 까닭에 땅 위 야외에서 보면 여전히 공원이다. 박물관 건립 이전부터 존재하던, 순교자들을 추모하는 현양탑 정도가 서소문성지를 가리킨다. 공원을 산책하다 보면, 지하로부터 올라온 시설의 붉은 벽돌이 궁금증을 자아낸다. 어쩌면 서소문성지 역사박물관이 주는 평안은 거기서 나오는 것일지 모른다. 예수는 스스로 몸을 낮춰 더 많은 이들을 품은 성자가 아니던가. 그래서 공원 한쪽에 꾸밈없이 누워 있는 티모시 슈말츠(Timothy P. Schmalz)의 「Homeless Jesus(노숙자 예수)」(2013)는 더 큰 울림을 전달한다.

#05

양구
양구백자박물관

너그럽고
여유로운
서두름 없이
느리고
더 느리고
조금 더 느긋이
그 은은한 빛깔 속을
걷는 연습을 한다

—

#은은하고은근함 #있는그대로 #달항아리
#마음의본바탕 #시간을빚는마음

• 양구백자박물관 •

강원 양구 방산면 평화로 5182
033-480-7238

the ORANGE •

백자가 아름답다고 말할 때 그것은 잘 만든 그릇보다 좋은 그릇에 가깝다. 비례와 균형에 목매지 않고 생겨난 그대로를 수용하는 자세, 백자는 그만의 너그러움으로 우리를 감동케 한다.

양구백자박물관 역시 그러하다. 도시 크기로 가늠할 수 없다. 공간의 짜임새와 전시의 구성이 좋다. 너른 대지와 들녘과 능선은 양구라서 느낄 수 있는 평화로움이다. 양구 박수근미술관에 갔을 때는 그곳만의 특별함인 줄 알았다. 양구백자박물관에 다다르니, 더디고 느린 시간을 인내하며 빚어내는 솜씨는 양구 지역의 천성이란 걸 알겠다.

양구백자박물관은 2006년 방산자기박물관으로 개관했다. 2009년 동쪽에 체험관이, 2013년 남쪽에 백자연구소가 들어섰다. 2020년에는 전시 공간과 수장고를 증축해 지금의 도자문화역사실을 완성했다. 도자문화역사실은 2006년 박물관을 처음 설계한 이진오 건축가(건축사사무소 더사이)가 다시 맡았다.

도자문화역사실은 옛 건물 곁에 더 큰 새 건물을 연장해서 한 몸처럼 보인다. 새것과 옛것의 조화가 감쪽같다. 새 건물 쪽은 회랑이어서 작은 중정 너머 옛 건물을 보며 전시실로 이동한다. 또 남쪽 수장고 전시실 기존 백자연구소 건물 쪽으로 슬며시 몸을 기울이니 이 또한 연결성을 갖는다. 20년에 걸쳐 흔들림 없이 제 모습을 갖춰온 박물관이라니. 시간이 상품이 되는 시대, 그 수수한 끈덕짐이 이미 많은 것을 말해주지 않는가?

전시실 입구를 앞에 두고 걸음은 자꾸만 밖으로 돈다. 도자문화역사실은 반투명한 유리벽이다. 햇빛이 은은하게 어릴 때는 백자의 빛깔을 닮는다. 작은 의자 몇 개 내놓아 볕을 쬐며 쉬기에 알맞다. 맞은편으로는 정원 너머 체험관이다. 흙을 다진 벽이라 황톳빛이 푸근하다. 정원과 벽에는 수달이나 새를 빚은 작품이 숨은 그림처럼 눈에 띈다. 체험관 야외에는 노출 콘크리트 그늘 아래 툇마루 쉼터가 있다. 달항아리 한 점이 놓였는데 빛 들고 바람 부는 쪽은 적당히 퇴색되어 있다. 사람이 빚은 백자 위에 자연이 그려놓은 그림 같다.

걸음은 기어이 백자공원까지 이어진다. 도자문화역사실로부터 한 단 내려선다. 전시만 보고 서둘러 떠나면 볼 수 없는 너르고 무사한 터다. 좁은 시야가 넓게 열려 도심의 너누룩함을 지워내기에 좋다. 저만치 수영천 너머는 절연폭도 흐르고 있을 것이다. 그리고 그 뒤편의 능선들은 이곳이 백토의 산과 들이라는 걸 말한다.

백자로 만든 태조 이성계 발원 사리구는 양구 방산면이 고려 말부터 백자와 백토의 산지라는 걸 증언한다. 미술학자 최순우는

『무량수전 배흘림 기둥에 기대서서』(학고재, 1994)에서 백자
달항아리를 "인간이 지닌 가식 없는 어진 마음의 본바탕을 보는
듯하다"고 했다. 양구의 산들 역시 험준한 기세로 위엄을 떨치거
나 왕가의 백자를 뽐내는 짓 따위는 하지 않는다. 있는 그대로 생
김을, 모남을, 불균형을, 모든 허물을, 너그러이 인정하므로 달관
의 경지에 이른 모양새다. 그러니 이곳에서는 동네를 산책하듯 건
물과 건물 사이를 거닐고, 백토의 산과 들녘 위로 가마의 연기처
럼 피어오르는 아지랑이를 확인하고서야 백자를 만나러 들어서
야 한다. 백자가 양구의 땅에서 왔다는 걸 깨닫고 나면, 인구가 채
2만 명 남짓하다며 얕잡아보던 옹졸한 마음을 고쳐먹는다. 그제
야 백자의 무심한 아름다움을 조금은 읽어낼 수 있는 마음의 눈
이 생겨난다.

더 오래 •

　도자문화역사실로 들어설 때 제일 먼저 들르게 되는 곳은 양구백자실이다. 2006년 방산자기박물관으로 개관했을 때의 건물이다. 박물관이 소장한 청화백자 유물 여러 점 등 다양한 종류의 백자를 전시한다. 은은한 빛깔의 유리벽 너머에 청자가 있다는 걸 그제야 안다. 전시실은 여러 재질의 벽이 있다. 유리와 콘크리트와 흙으로 된 벽이다. 하나의 공간이지만 방향을 틀 때마다 전시에 새로운 리듬감을 부여한다. 또 전시실 안에는 작은 방들을 여러 개 만들어 전시에 활기를 준다. 특히 이 공간들의 흙벽이 특별하다. 밖에서 본 체험관의 벽을 이루던 다짐 흙벽이 그것이다. 백자의 아름다움 또한 흙에서 왔다고 말하는 것만 같다. 흙벽은 마치 지층이 겹겹으로 쌓인 듯해 양구 백토의 역사가 느껴진다. 여느 흙은 아니다. 양구 땅의 흙을 사용했다. 백자를 빚어낸 그 땅의 시간이 응축되고 집약돼 있어 한층 특별하게 다가온다.

더 깊게 •

양구백자실을 보고 다음 공간으로 이동한다. 왼쪽으로는 개방형 수장고가 있고 오른쪽으로는 옛 전시실과 중정을 품는 회랑을 따라 현대백자실로 이어진다. 회랑을 지날 때는 휴게 공간이 있어 창밖의 정원을 보며 잠시 쉴 수 있다. 잔디와 나무 두세 그루가 전부인 정원은 벽돌 구조의 회랑과 어우러져 고요한 쉼을 허락한다.

개방형 수장고는 수장고를 개방한 전시실이다. 작품 하나하나의 매력도 있지만 수장고를 들여다본다는 호기심이 앞선다. 수장고를 나와 회랑을 지나서는 현대백자실과 기획전시실 등 현대적인 백자를 감상한다. 옛 백자를 현대식으로 재해석한 전시는 새로운 경험을 제공한다. 특히 2019년도에 시작해 2021년에 완성된 작품 〈양구의 백토, 천 개의 빛이 되다〉는 압권이다. 3년 동안 1,000명의 도예가에게 의뢰한 프로젝트였다. 한 명당 약 3kg의 양구 백토를 제공해 20cm×20cm 크기의 작품 600여 점을 만들었다. 작가들은 자기만의 방식으로 백자를 해석해 작품을 보내왔다. 이렇게 만든 현대식 백자들이 하나의 벽을 가득 채우므로 또 다른 작품으로 탄생한다. 그저 바라보는 것만으로 경외감이 든다.

#06

여수
장도

·

바다 넘어 섬에서
바다 너머 육지를 보고 있으면
생활과 나 사이에
바다만 한 거리가 생겨
잠시 잠깐
내 살던 곳을 물끄러미
사랑할 수 있게 되기도 하지

―

#유유히 #예술의섬 #섬에서잠시 #잠수타고싶은날
#잠금시간 #의미없으면어때

· 장도 ·

전남 여수 예울마루로 83-47
1544-7669(예울마루)

the ORANGE •

장도는 웅천동 해안에서 '야!'하고 손을 흔들면 '왜?'하고 화답할 만한 거리다. 진섬다리가 웅천친수공원과 장도를 잇는데 고작 330m다. 그렇다고 늘 열려 있는 건 아니어서, 모세의 기적까지는 아니어도 물때(운 때일까?) 정도는 맞아야 건널 수 있다. 다리를 건너기 전 '잠김 시간 안내' 시간표가 물때를 알린다. 어떤 날은 '안 잠김'이라 곧장 들어갈 수 있지만 또 어떤 날은 채 2시간도 머물지 못한다. 얼마나 대단한 섬이기에? 하고 물을 수 있다. 장도는 외려 그 대단함을 뽐내지 않아 좋다. 1930년대 정채민 씨가 뿌리 내렸고, 2019년 예술의 섬으로 거듭나기 전까지 일곱 가구가 살았다. 일본의 예술섬 나오시마를 빗대 말하는 이도 있다. 바다 건너를 뒷산 가듯 산책하는 동네 주민도 있으니 그보다는 소담하고 다정하며 한가한 섬이다.

무턱대고 찾은 길이었다. 다행히 '안 잠김' 시간이었고, 안 잠기는 시간 또한 넉넉하게 주어져 오늘 하루 제법 운이 좋구나 싶었다. 그래도 두 번 운 때를 시험하고 싶지는 않기에, 다음에는 물때를 맞춰 찾아야지. 진섬다리 콘크리트 바닥 위에 서서 '잠김 시간'이라는 말을 곱씹는다. 서서히 물이 차고 어느 시점을 지나면 내 뜻과 무관하게 '잠수'라는 걸 하게 되겠지? 가끔 '잠수 타고'

싶을 때가 있다. 일과 관계의 스트레스에서 벗어나고 싶은 거. 세상에서 잠시만 잊히고 싶은 거. 길게는 말고 딱 회복할 수 있을 만큼의 침잠과 단절. 그러고 보니 물속에 '잠김'과 문이 '잠김'은 같은 단어다. 또한 잠금이 아닌 잠김이라서. 내 의지로는 좀체 실행할 수 없는 것이라는 점 역시.

오기가미 나오코(Ogigami Naoko) 감독의 영화 〈안경〉(2007)을 좋아한다. 주인공 타에코는 남쪽 바닷가 마을로 여행을 떠난다(잠수를 탄다). 명상하기 좋은 섬이라는 이유보다 '휴대전화가 터지지 않는다'는 게 그녀를 끌어당기지 않았을까. 그녀는 며칠을 보내고 나서야 그 섬의 시간에 몸을 맡기는데, 해변에서 뜨개질하며 했던 말이 메아리가 되었다.

"뜨개질이란 게 공기도 같이 짜는 거라고 말하죠."

웅천해변과 마리나가 보이는 다도해 정원 파고라에 앉아 타에코를 흉내 낸다. 허공에 대고 방법도 모르는 뜨개질을 하며 손가락을 움직인다. 삶의 빈틈 또한 삶을 이루는 일부겠죠, 하며. 먼 데서는 마술사나 마에스트로처럼 보이면 좋겠지만 그저 이상한 사람처럼 보였겠죠? 눈에 보이지도 않는 공기를 짜서 괜한 빈틈을 만드는 무의미한 행동, 그래도 나만은 아는 잠금장치의 비밀번호가 생겨난다.

살아가다 보면 그런 시간이 필요하다. 장도가 허락하는 물때가 얼마나 될지 모르겠지만, 적어도 잠김 시간만큼은 안심하고 무상한 시간을 가져도 좋겠다. 좀 이상한 사람처럼 보이면 또 어떤가. 내가 그 의미 없음의 바다에 잠기는 동안 장도의 바다가, 세상과 나 사이의 문을 잠시 잠그는 자물쇠가 되어줄 텐데. 의미는 의미를 부여하지 않을 때 만들어지기도 하는 법이니까.

더 오래 •

웅천친수공원 뒤편 언덕에는 GS칼텍스 예울마루가 위치한다. 공연을 위한 대극장과 소극장 그리고 전시실, 전망대 등을 갖춘 문화 예술 공간이다. 장도가 내려다보이는 산 중턱이다. 예울마루와 장도는 육지와 섬에 따로 존재하지만 하나의 개념이고 연장의 축이다.

예울마루는 바다와 접하는 망마산 남서쪽 기슭에 위치한다. 건물은 인근 산세의 흐름을 깨지 않으며, 경사를 따라 물결치는 계단처럼 바다로 흘러내린다. 그 흐름은 웅천친수공원에서 진섬다리를 지나고 바다 건너 장도에 닿는다. 장도 북쪽은 섬의 완만한 오르막에 조성한 다도해 정원이다. 정상부 반대편은 장도 전시관이다. 전시관은 지상 위에 건물을 세웠다기보다 땅속에 자리한 느낌이다. 그래서 전시관 북쪽 입구는 섬의 땅속으로 스미듯 진입한다. 전시관을 나와 섬의 남쪽 끝이 바다 전망대다.

장도가 물에 잠겼을 때는 보이지 않는 축이 예울마루에서 바다 밑으로 들어갔다가 다시 섬으로 올라와 섬의 정상에서 전시관으로 흘러내려 섬으로 묻히는 듯하다. 그러므로 마침표 없이 망마산에서 여수의 바다까지 잇댄다. 프랑스 국립도서관을 설계한 건축가 도미니크 페로(Dominique Perrault)의 솜씨다. 서울 서대문구 이화여자대학교 캠퍼스 복합단지(Ewha Campus Complex, ECC)도 그의 작품인데 비교하며 보면 흥미롭다.

더 깊게 •

　장도는 목적 없이 돌아다녀도 길을 잃지 않을 만한 섬이다. 섬은 크게 북쪽 경사면의 다도해 정원과 남쪽 전시관으로 나뉜다. 서쪽 해안을 따라서는 안내 센터 곁으로 예술가들이 머무는 창작스튜디오다. 다도해 정원과 장도전시관은 두 갈래 길이 잇는다. 정상부를 지나는 길이 편하지만 동쪽 해안 길을 추천한다. 장도가 섬이었다는 걸, 과거에는 이렇듯 깊은 숲이 있었다는 걸 알 수 있다.

　전시관은 미술 작품을 감상할 수 있고 카페가 있어 쉬어갈 수도 있다. 섬 남쪽 끝에는 바다와 마주하는 전망대. 최병수 작가의 「열솟대」(2014)가 특히 인기다. 사람의 옆모습과 머리 위에 별 하나를 선으로만 표현한 작품이다. 바다와 하늘빛에 따라 분위기가 바뀐다. 하늘을 향한 입맞춤 같기도 하고 그냥 그날의 마음 같기도 하다. 장도를 찾는 사람들이 꼭 한 번은 들렀다 간다.

　육지 쪽 웅천친수공원은 웅천해변공원이라고도 부른다. 웅천해변은 도심 가까이 조성한 인공 해변이다. 계단식 나무 덱과 모래사장으로 이뤄진 해변이다. 여름에는 파라솔이 촘촘하게 꽂혀 있고 예약제로 운영한다. 해양레저 스포츠도 가능하고 캠핑장도 옆에 있다.

#07

여주
세종 영릉과 효종 영릉의 재실

.

한 자리에서 꼿꼿하게
수백 년을 산
나무 그늘 그림자에 묻혀
'좋네' 하고는
고작 한 시간을
버티지 못했지
가벼운 나는
엉덩이가 들썩거려서

—

#신들의정원 #조선왕릉 #재실의고목 #나무가있는풍경
#숲속책방 #왕의숲길 #왕의하루살기

• 세종 영릉과 효종 영릉의 재실 •

경기 여주 세종대왕면 영릉로 269-10 세종대왕유적관리소
031-885-3123~4

the ORANGE •

조선왕릉의 재실은 왕의 제사를 준비하던 건물이다. 제례는 '왕'이라는 지위만 빼면 살아있는 누군가가 먼저 떠난 누군가를 기억하는 방법. 그게 왕이라서 세상 가장 화려한 능이 되고 기념식이 되는 거겠지. 우리가 사랑하는 누군가를 떠나보내고, 떠난 그를 위해 세상 모든 권력과 재력을 빌어 무덤을 꾸미고 제사를 지낸다면 이런 모습이 되었을까? 설령 그렇다 해도 그 모든 준비가 딱 이만큼의 집들 사이에서 이뤄진다는 게 새삼 놀랍다.

재실은 제례에 쓸 향과 축문을 보관하는 안향청과 제기를 보관하는 전사고 등의 건물이 있다. 제사를 주관하는 왕과 제관 역시 이곳에서 옷을 갈아입고 몸과 마음 가짐을 차분히 다스려 채비했다. 효종 영릉(寧陵) 재실은 일부 소실되기는 했어도 조선왕릉 가운데 보존 상태가 가장 양호하다. 무엇보다 재실을 지키고 선 세 그루 고목에 감탄한다. 그 뿌리 깊은 나무들이 오늘까지 재실을 돌본 것은 아닌가 싶다. 여주 근처를 지날 때면 어김없이 영릉 나무님들은 잘 계시는지 궁금하다.

영릉 재실은 고목 세 그루가 적당히 거리를 두고는 그 땅과 집을 수호한다. 한두 그루라면 모를까, 전국 어느 집 마당에 이리 높고 깊고 너른 나무들이 뿌리 내려 자리한 곳이 있을까? 제일 눈

에 띄는 건 재실 한가운데 있는 느티나무다. 500년쯤 됐음 직하다. 회오리치며 사방으로 가지를 뻗은 모습이 기괴하고 화려하다. 영릉이 1673년 지금의 위치로 옮겨왔으니 재실보다 많거나 재실과 맞먹는 나이다. 이제야 슬며시 내담 쪽으로 몸을 기댄다. 북쪽에서는 그 커다란 몸집에 가려 내담이 보이지 않는 정도다. 외려 그 모습이 팔을 뻗어 재실을 포용하는 듯해 따뜻하다.

재실 앞 협문 쪽으로는 두 그루 나무가 더 있다. 협문 왼쪽은 아담한 회양목이다. 화단 경계를 이루는 무릎 높이 그 나무다. 보통 나무와 견주자면 키 작은 나무일 텐데 회양목인 걸 알고 나니 담장 높이까지 자란 모습이 경이롭다. 바닥에서 1m 남짓한 지하고는 300년 정도는 살아낸 회양목만이 뽐낼 수 있는 자태다. 우리나라 회양목 가운데 가장 큰 나무로 추정된다. 알알이 맺힌 초록의 잎들이 보석 같다. 협문 오른쪽에는 내담과 느티나무보다

높게 자란 약 20m 정도 되어 보이는 향나무가 서 있다. 매표소에서 능을 향할 때, 능에서 돌아 나올 때 재실을 표시하는 가늠자다. 그러나 재실에서는 막내고 어린나무다. 그 또한 족히 100년은 넘게 살아냈을 터인데.

재실 마루에 앉아 세 나무가 살아온 세월을 번갈아 더듬는다. 느티나무에게 회양목이, 회양목에게 향나무가, 시간을 거듭하며 차례차례 자식 같은 동무가 생겨났을 때 나무의 마음은 어떠했을까. 사람과 사람 사이 관계에 지쳐 회의가 들 때면 적당히 떨어져 긴 세월 살아낸 이 나무들이 그립다. 때로는 말을 걸기 위해 찾아온다. 그럼 '한 나무 그늘에서 쉬는 것도 인연이다'라는 속담을 다시금 더듬게 된다. 오늘은 당신이 밉지만 어제는 다정한 친구이기도 했으니까. 어수룩한 내게 때로는 너른 그늘을 내어주기도 했으니까. 그럼 왕릉조차 그저 누군가의 무덤이겠거니 하게 된다.

효종 영릉(寧陵)은 세종 영릉(英陵)과 이웃한다. 둘을 합쳐 영·영릉(英·寧陵)이라 부르기도 한다. 영·영릉에 가면 세종 영릉 재실 또한 꼭 들러볼 일이다. 정확히는 옛 재실이다. 지금은 작은책방이라 불리는 장소다. 왕릉 안에 있는 현대적인 한옥 도서관이다.

옛 재실은 1971년 '영릉 성역화 사업'을 하며 지었다. 약 50년 된 한옥이다. 2014년 원래 재실 자리가 밝혀져 새로이 복원, 건립하며 옛 재실은 기능을 상실했다. 이를 '작은책방'으로 꾸몄다. 책방이란 이름은 우리가 아는 '책을 파는 가게'보다 세종대왕이 만든 출판과 인쇄를 담당한 관청 '책방'에 가깝다.

작은책방은 옛 재실의 안채와 마당 건너 행랑채 등 3개 열람실로 이뤄진다. 좌식과 입식을 겸한다. 안채 책상에 앉아 책을 읽다 고개를 들면 왕릉의 초록 풍경이 넓게 번진다. '신들의 정원' 한가운데 책방이다. 말 그대로 왕이 된 듯하다. 또는 잘 지은 고택을 홀로 빌려 휴가를 즐기는 듯도 하다. 사람들이 우르르 몰려왔다 사라지면 그 적막은 더 깊어져서, 책보다는 풍경에 더 깊이 빠져들곤 한다. 약 500권의 책이 비치되어 있기는 하나, 읽을 책은 챙겨가는 쪽이 낫다.

더 깊게 •

조선왕릉은 사막 가운데 우뚝 솟은 이집트의 피라미드와는 결이 다르다. '신들의 정원'이라 불린다. 풍수와 지리에 맞춰 자리하는 까닭이다. 풍수지리는 글자 그대로 풀어쓰면 바람과 물 그리고 땅의 다스림 또는 순리를 말한다. 자연과 어우러짐이 그만큼 중요했다는 뜻이다. 그러니 왕릉의 신은 죽은 왕들만이 아니라 그들의 벗이 되어주는 자연이기도 하다. 왕릉에 가면 숲에 온 듯한 기분이 드는 것도 그 때문이다.

영·영릉(英·寧陵)은 세종과 소헌왕후의 합장릉인 영릉(英陵)과, 효종과 인선왕후 능인 영릉(寧陵)으로 이뤄진다. 우리에게는 세종대왕이 친근하지만 왕릉을 돌아보기에는 효종 영릉 쪽이 낫다. 왕릉과 왕비릉이 상하로 자리(동원상하릉)한 것도 독특하고, 무엇보다 봉분까지 올라가 볼 수 있는 왕릉은 많지 않다. 왕릉을 가까이에서 살펴볼 수 있는 기회다.

세종 영릉과 효종 영릉 사이에는 왕의숲길이 나 있다. 약 700m의 숲길이다. 숙종, 영조, 정조 등은 세종 영릉을 먼저 참배하고 효종 영릉을 다음 참배했다 한다. 원래는 지역주민이 사용하던 길로, 옛 왕들도 이 길을 따라 오가지 않았을까 추측해 만든 길이다.

#08

완주
화암사

그런 날 있지 않아요?
혼자 고요히 머물며
풍경 소리, 바람 소리
햇살 좋은 마당에
근심 걱정, 온갖 시름
물먹은 나를 바싹 말리고 싶은 날

———

#혼자 #고요히머물기좋은 #잘늙은절집 #안도현시인
#내사랑화암사 #시로지은절집

• 화암사 •

전북 완주 경천면 화암사길 271
063-261-7576

어쩌다 화암사를 처음 찾았을까? 여행 출장의 어느 한나절이었는지, 이름도 기억나지 않는 누군가의 귀띔이었는지, 구례 화엄사와 헷갈려 찾았는지. 분명한 건 그날의 기분이 쉬이 잊히지 않아 산란한 날에는 자꾸만 그리워지는 절집이라는 사실이다.

화암사를 찾은 안도현 시인 역시 그런 마음이었겠지. 화암사 가는 계곡의 '시와 그림, 이야기가 있는 147계단'을 오르다 보면 시인의 「내 사랑, 화암사」(『그리운 여우』 창작과 비평사, 1997)를 새긴 시화가 보인다. '찾아가는 길을 굳이 알려주지는 않으렵니다'라고 끝맺는 시다. 힐끗 볼 때는 '시인이 길도 알려주지 않으려는 곳이라 보통 절이 아니겠군' 한다. 그러다 두 번 읽고서야 그 길이 깨달음에 이르는 길이고, 결국 스스로 깨쳐야 한다는 속뜻을 깨친다. 물론 시인이 사랑한 절집에 대한 속세인의 호기심은 사라지지 않지만.

꾸역꾸역 올라 숨이 차오를 때쯤, 저만치 '잘 늙은 절 한 채'가 보인다. 길가와 접한 전각의 편액에는 '佛明山花巖寺(불명산화암사)'라 적혀 있다. 전각의 이름은 '雨花樓(우화루)'다. 무뚝뚝하게 풀어써도 '꽃비의 집'이다. 불교의 만다라 꽃을 뜻하는 말이겠다. 그렇다고 그 말이 간직한 낭만마저 사라질까? '꽃비'라는 이름은

기어이 진정한 아름다움과 보이는 화려함의 차이를 되묻게 만든다.

입구는 우화루와 이웃한 적묵당 행랑채의 서편 한 칸이다. 전각 아래를 지나며 고개 숙여 몸을 낮추게 하는 여느 절집과는 다르다. 무서운 표정의 사천왕상도 없다. 대신 기둥 한쪽에 '조용히 다녀가시기 바랍니다'라는 문구가 붙어 있다. 경내에 들어서니 자그만 마당 사면에 전각이 옹기종기하다. 서쪽 툇마루에 걸터앉아 그 한갓진 풍경에 깊숙이 빠져든다. 시나브로 시간이 흐르자 절집의 '절'마저 사라지고, 그저 가까운 누군가의 한옥 마당에 있는 듯하다. 고요와 고요 사이에 매미 소리를 들었는데 그다지 소란스럽지 않았다. 뒤늦게 시인이 같은 책에 쓴 다른 시 「화암사 깨끗한 개 두 마리」가 생각났다. 화암사 사는 개 두 마리는 귀가 밝아, 바깥에서 소리가 나면 귀를 쫑긋 세우고는 쌩하니 달려 나갔다가 소득 없이 돌아오곤 했다 한다. 시인은 "덕지덕지 욕심 있어서가 아니"라 "그저 그냥 한번 그래 본 것"일 거라 했다. 무료함을 견디는 건 이렇듯 싱거운 몸짓이다. 시가 족히 25년 전에 쓰였을 테니 이제 두 마리 개 또한 극락에 가 있으려나.

일상 속 근심과 시름을 마당 볕에 내어놓고 말린다. 스으스으 가끔 잔바람의 빗질에 그것들이 바스러져 사라진다. 언제 즈음, 또 욕심이 그득한 나는 나를 괴롭히고 닦달하다 기어이 걱정과 근심이 산처럼 쌓여 이곳을 찾아오겠지. 그때도 "인간의 마을에서 온 햇볕이/ 화암사 안마당에 먼저 와 있"을까? 나는 "세상의 뒤를 그저 쫓아다니기만 하였"구나, 하며 시인이 일러준 시들을 다시 읊조리고 있을까? "구름한테 들키지 않으려고 구름 속에 주춧돌을 놓은" 절집 위에서, 아직 오지 않은 먼 미래의 근심을 미리 붙잡고서 또 괜한 걱정을 하고 만다.

더 오래 •

15세기 사적비 '화암사중창비(花巖寺重創碑)'는 화암사를 "고요하되 깊은 성처럼 잠겨 있으니 참으로 하늘이 만들고 땅이 감추어 둔 복된 곳"이라 했다. 600년 전의 기록이다. 세월이 흘러 오가는 길이 나아졌다고는 해도 화암사 가는 길은 쉽사리 허락되지 않는다. 대중교통은 전주역에서 고산공용터미널 환승 후 경천면 화암사에 이른다. 버스정류장에 내려서는 30분 남짓 길을 걸어야 주차장이다. 단단하게 마음먹지 않는 이상 대중교통보다는 자차를 이용하는 게 낫다.

주차장을 지나 조금 걷다 보면 길은 산을 오르고 계곡을 건넌다. '시와 그림, 이야기가 있는 147계단'까지는 또 얼마간의 시간이 필요하다. 몸은 고되나 숲이 깊어지니 코끝이 상쾌하다. 봄에는 복수초나 얼레지가 피고 가을에는 단풍이 물드니 길동무 삼기에 알맞다. 여름에는 귓가에 잔잔한 물소리가 마음을 씻는다. 147계단은 꽤 가파르다. 없었다면 화암사에 어찌 다다랐을까 싶다. 기암의 계곡 곁을 한 걸음씩 단단히 밟고 오를 때, 땀방울은 꽃처럼 맺혀 비처럼 떨어진다. 근심과 걱정의 무게는 한결 줄어들고, 화암사에 다다를 즈음에는 발끝에서 씩씩하고 굳센 기운이 생겨난다. 용기가 백배다.

더 깊게 •

　화암사 경내는 국보 극락전과 보물 우화루가 남북으로 마주한다. 극락전은 우리나라 유일의 하앙식 건축이다. 처마를 길게 빼기 위해 지렛대 부재를 더 넣었다고 생각하면 된다. 또한 양 측면 기둥은 가운데보다 높다. 귀솟음 기법이라 한다. 건물 양쪽이 처져 보이는 착시 현상을 막기 위함이다. 조선 숙종 37년(1711년)까지 여러 차례 걸쳐 수리했다. 그 의미를 알고 보면 '잘 늙은 절 한 채'라는 표현은 또 다른 느낌으로 다가선다.

　우화루는 극락전 정문 역할을 한다. 정작 문은 곁 건물에 나 있기는 하지만. 바깥에서 볼 때는 기둥 위 2층이고 극락전 쪽에서 보면 1층이다. 경사진 땅에 터를 닦아지어서 그럴 것이다. 화암사 바깥에서는 기둥 안쪽으로 쌓은 축대가 보이고, 중앙에 기둥 하나를 더 둔 것이 눈길을 끈다. 雨花樓(우화루)라는 편액은 경내를 향하는 안쪽에 걸려 있다.

　화암사 마당은 약 10㎡ 정도의 너비다. 따로 문 없이 열려 있는 우화루가 깊이를 더하는데 극락전을 받아들이는 형세다. 우화루 안쪽에는 낡고 오랜 목어(木魚)가 덩그러니 눈길을 끈다.

#09

원주
박경리문학공원

·

밥을 짓고
옷을 짓고
농사를 짓고
글을 짓고
'짓다'라는
말에는
기어이 하루를 일구는
살아내게 하는
몸짓이 있어요

—

#소설가의집 #글을짓는다것 #삶을짓는날들 #고양이친구
#옛날의그집 #토지의산실

• 박경리문학공원 •

강원 원주시 토지길 1
033-762-6843

the ORANGE •

나는 박경리 작가가 쓰던 국어사전을 원주 박경리 문학의집에서 처음 보았다. 전시실을 어슬렁대다 작가가 쓰던 국어사전 앞에서는 멈춰 설 수밖에 없었다. 또 사전의 측면 사진을 찍다가는 그대로 주저앉아 책배를 한참 동안 바라보았다. 사전은 분명 하나의 물건에 지나지 않을 텐데, 사뭇 단어의 뜻을 풀이하는 용도로만 보이지는 않았다. 낡고 헤진 낱장의 변들은 나무의 곧은결을 닮아 나무라 해도 무방했다. 사전의 종이는 나무로부터 왔을 것이다. 한 그루 나무는 종이의 원료인 펄프가 되고, 펄프는 그 많은 종이 가운데 단어와 뜻을 담은 사전의 장과 장이 되었을 것이다. 그리고 박경리 작가의 손끝에서 살다가, 거듭한 매만짐의 순간이 쌓여 기어이 나무로 돌아간 듯했다. 대하소설 「토지」(1969~1994)의 생이 그 경이로운 장면에 집약돼 있었다.

박경리 작가는 1969년 「토지」를 쓰기 시작해 1994년 원주 단구동 집에서 마침표를 찍었다. 무려 25년 세월이다. 총 20권으로 5부, 25편, 362장의 구성이었다. 소설에 나오는 등장인물만 600여 명. 이 아득하고 요연한 시간은 수식이나 수치로 설명할 수 없어 외마디 감탄 밖에 나오지 않는다. 작가의 국어사전을 보고, 원고지 3만 1,200여 장에 해당하는 '짓다'는 행위의 수고를 비로소 체감한다.

작가의 국어사전은 더할 나위 없이 부풀어 있었다. 그 안에도 꿈이나 희망, 목표 이런 말들이 존재했을 것이다. 그리고 작가에게 꿈이나 희망 이런 말들은 삶 가운데 매일의 낱장을 이어 나가는 반복의 과정이었겠다. 무심한 듯 덤덤히 반복해야 할 삶의 몸짓이었겠다. 그래서 박경리 문학의집에는 문학의 유품뿐 아니라 유독 생활의 유품이 많다. 밭 일구고 자갈 고를 때 쓰던 호미와 밀짚모자와 바느질하던 실과 가위와 손수 지은 옷가지들.

박경리 문학의집 북쪽에는 작가가 말년을 보내며 「토지」를 완결한 옛집이 있다. 멀리 치악산이 보이는 2층 양옥이다. 집 앞에는 앙증맞은 물놀이장이 미소 짓게 한다. 작가가 손주를 위해 땅을 파고 돌을 깔아 직접 만들었다. 너른 마당에는 바위에 앉아 쉬고 있는 작가의 동상이 반긴다. 막 밭일을 끝낸 참인지 숨 고르듯 먼데 산을 바라보고 있다. 왼편에는 호미와 책 한 권이, 오른편에는 고양이 동상이 한 걸음 떨어져 동무한다. 고양이가 있는 바위에는 "배추 심고 고추 심고 상추 심고 파 심고 고양이들과 함께 정붙이고 살았다"는 작가의 마지막 글 「옛날의 그 집」(『버리고 갈 것만 남아서 참 홀가분하다』 마로니에북스, 2008)이 새겨져 있다.

작가는 글을 쓰다 사전을 넘기고 밭을 일구고 또 재봉질하는 날을 이어 붙여 매일을 살아냈을 것이다. 「토지」는 그렇게 지어진 소설이다. 우리가 쉽사리 「토지」를 집어 들지 못하는 건 20권이 주는 부담보다는 그 무게가 작가의 생이라는 걸 알고 있는 까닭이다. 박경리 작가는 소설가이자 시인이기도 했다. 문학공원을 나오며, 작가가 지은 「우리들의 시간」(『우리들의 시간』 나남, 2000)을 소리 내어 읽어 보았다. 박경리 작가도 그러했구나, 위로 삼아 용기를 얻으며.

"목에 힘주다 보면/ 문틀에 머리 부딪쳐 혹이 생긴다/ 우리는 아픈 생각만 하지/ 혹 생긴 연유를 모르고/ 인생을 깨닫지 못한다"

더 오래 •

　박경리 작가의 국어사전은 현재 원주 박경리 문학의집에 없다. 경남 하동 박경
리문학관에 장기 순회 전시 중이다. 하동 평사리는 「토지」의 무대가 되는 마을이다.
「토지」는 대한제국을 수립한 1897년 한가위부터 일제강점기를 지나 1945년 광복
에 이르는 대서사다. 소설 속 최 참판 댁이 실재했던 건 아니고, 드라마 촬영을 위해
지은 하동의 세트가 오늘까지 남아 「토지」를 증언하는 또 하나의 장소가 되었다.

　원주 박경리문학공원은 박경리 작가가 말년을 보낸 곳이다. 「토지」 4부, 5부를
집필한 옛집이 있어 상징성이 크다. 옛집 외에 박경리 작가의 유품과 문학 세계를
전시하는 문학의 집, 「토지」의 평사리마당, 용두레벌, 홍이동산 등을 연출한 공원
과 북카페로 이뤄진다.

　옛집은 토지개발계획으로 사라질 뻔했으나 작가가 집과 부지를 기부하며 공원
으로 단장했다. 작가가 살던 옛집은 지금도 큰 변형 없이 남아 있다. 마당의 작가 동
상 곁에 앉아 눈앞의 건물들을 지워내고, 작가가 바라보던 예전 치악산 풍경을 그
린다. 산만하게 퍼져 있는 마음의 단어들이 가지런한 문장으로 다시 태어나는 듯하
다.

더 깊게 •

　원주에는 박경리문학공원 외에 박경리 작가의 집이 또 한 곳 있다. 흥업면 매지리에 위치한 토지문화관이다. 단구동 옛집이 「토지」를 완성한 장소라면, 매지리 집은 작가의 마지막 생의 공간이자 집필의 공간이었다.

　작가는 토지개발계획으로 단구동 옛집을 떠나야 했고, 1998년부터 2008년까지 매지리에서 여생을 보냈다. 매지리 집에서도 시와 산문 등을 쓰며 창작 활동을 이어 나갔다. 매지리 집은 현재 토지문화관으로 변신했다. 후배 작가들의 집필 활동과 공간을 지원한다. 김호연 작가의 소설 『불편한 편의점』(나무옆의자, 2021)이나 장강명 작가의 에세이 『소설가라는 이상한 직업』(유유히, 2023) 등에 토지문화관의 생활이 나온다.

　일반 관람객을 위한 전시 공간도 있다. 토지문화관 내 박경리뮤지엄은 3개의 전시실로 이뤄진다. 1전시실은 작가의 생애를, 3전시실은 작품 세계를 살펴볼 수 있다. 2전시실은 작가가 살던 공간을 보존해 개방한다. 집필의 흔적은 물론 후배 작가들에게 밥상을 차려주곤 하던 대청마루도 눈길을 끈다. 1, 3전시실은 자유 관람이고 2전시실은 해설사 동반 관람이다. 2전시실은 30분 간격으로 5명씩 입장할 수 있다.

#10

충주
아무것도 아닌 곳

.

가끔
낯선 도시의
처음 찾은 카페에서
엽서를 쓰곤 합니다
사랑하는 누구
라고 시작하지는 않아요
그게 누구든
생각나는 사람이 있어
감사할 따름입니다

———

#우체국옆카페 #편지의방 #다정한감각 #그리운마음
#한자한자꼭꼭 #글씨의촉감

• 아무것도 아닌 곳 •

충북 충주 금가면 강수로 321
070-4197-5597

the ORANGE •

충주시 금가면, 시골 우체국 건물 왼편 입구에 아무 곳도 아니라는 듯 카페 하나가 있다. 모르는 사람은 그냥 지나칠 수밖에 없는 곳, 어른들을 위한 동화 속에 나올 법한 곳, 그 공간의 이름 또한 '아무것도 아닌 곳'이다. 카페 벽에는 법정 스님의 글귀 하나가 붙어 있을 따름이다.

'아무것도 없다는 소리와 모든 것을 가졌다는 소리는 결국 같은 소리지요.'

법정 스님의 사유 노트와 미발표 원고를 모은 책 『간다, 봐라』(김영사, 2018)에 있는 글이었다. 한동안 아내와 둘이서 농담처럼 중얼거렸던 드라마 대사가 있었다. "다 아무것도 아니야." 길을 걷다 돌부리에 걸려 넘어졌을 때, 마트에 가다가 휴대폰을 집에 두고 온 걸 알았을 때, 우리는 서로에게 키득대며 이 대사를 들려주곤 했다. 다 아무것도 아니야. 금세 지나갈 거야. 특별히 힘들고 고통스러워서라기보다 언젠가 진짜 힘든 일이 생겼을 때, 인생이 망가져 더는 버틸 힘이 없다 느꼈을 때, 우리가 서로에게 해줄 수 있는 말이라 여겨 미리 주문을 외듯 읊조렸는지 모른다. 몸에 익은 좋은 습관처럼 생각날 수 있게 익혀 두려고.

카페 '아무것도 아닌 곳'도 그런 곳이다. 한참 지난 어느 힘든 날, 혼자 찾아가 조용히 기운을 차리고 돌아오기 좋은 곳, '실은 아무것도 아니야'라고 자신에게 말해줄 수 있는 곳. 힘든 날도, 즐거운 날이 그랬듯 결국에는 지나간다고, 행복은 보석처럼 반짝이는 게 아니라 보이지 않는 공기처럼 늘 우리를 감싸고 있는 그것이라고. 감정의 요동보다는 일상적이며 소소한 것이라고. 그래서 우리는 종종 우리가 살아 있다는 사실을 잊기도 한다고. 그리 생각하니 법정 스님의 글귀와 드라마의 대사가 다르지 않다.

카페를 연 박진아 씨는 그걸 실천하고 깨달을 수 있는 소소한 방법이 '편지'라고 생각했을까? 그는 '아무것도 아닌 곳'을 "편지와 커피 그리고 이야기가 있는 복합 문화 공간"이라 소개한다. 그 카페에서 우리가 한 일은 커피를 주문하고 편지 한 장을 쓴 일이 전부다. 펜을 들어 받는 이의 이름을 적고 먼 훗날 오늘을 떠올릴 수 있는 흔적을 남긴 정도.

나 말고도 카페를 찾는 이들이 할 수 있는 일이라곤 커피나 차를 마시고 편지를 쓰거나 또는 창밖을 바라보며 생각 아닌 생각 따위를 하는 게 전부다. 편지는 나란히 써도 결국에는 혼자만의 일이라서, 두 사람이 찾든, 서너 사람이 가든 편지지를 받아 들면 혼자가 되는 곳이기도 하다. 또한 작은 목소리도 들릴 법한 공간은 소곤대듯 이야기를 나누면 또 그게 상대에게 말로 건네는 편지가 된다.

그날 나는 '아무것도 아닌 곳'에서 편지를 써서는, '1년 후 어느 날 문득 배달'되는 카페 앞 느린 우체통에 넣었다. 그 기억을 까마득히 잊고 살아가던 아무것도 아닌 어느 하루, 편지는 우연히 찾아낸 행복의 실마리처럼 내 집 우편함에 도착해 있었다. 내가 쓴 편지의 첫 문장은 이랬다.

"여기는 아무것도 아닌 곳이야."

아무것도 아닌 곳에서 보낸 아무것도 아닌 날의 편지. 나는 왜 그날 이런 생각들을 했을까? 꼭꼭 눌러 쓴 손 글씨는 뭔가 하고 싶은 말이었을 텐데 다시 읽어보니 시시껄렁한 농담 같기도 하다. 대신 법정 스님의 글귀를 떠올리며 다시 한 번 그날의 시간을 되새긴다. 아무것도 없다는 건 모든 것을 가졌다는 것, 바닥은 끝이 아니라 딛고 일어설 시작점이라는 것.

더 오래 •

  금가우체국 안 카페, '아무것도 아닌 곳'은 몇 가지 불편함이 있다. 카페는 월요일부터 금요일까지 운영한다. 주말에는 쉰다. 우체국이 문을 닫는 까닭이다. 영업시간도 정오부터 우체국이 문을 닫는 오후 5시 30분쯤이다. 미리 전화로 확인하는 게 좋다. 실내는 그리 넓지 않다. 10명 이상은 들어갈 수 없다. 카페 바깥에 작은 정원과 야외 테이블이 있기는 하다. 그래서인지 대체로 사람으로 넘치거나 지나치게 붐비지 않는다. 커피는 드리퍼나 모카 포트로 내리니 주문 후에는 느긋하게 여유를 가지고 기다려야 한다. 그것을 불편함이라 부를 수 있다. 하지만 우리의 삶이 너무 편리에 치우쳐 있는지도 모른다.

  그러고 보면 편지가 그렇다. 굳이 펜을 쥐고 손끝에 힘을 주어 한 글자씩 적어나아가야 하는 행위. 생각보다 느리게 펼쳐지는 말과 단어들, 한 문장을 쓰고 펜을 멈추고, 다시 떠올린 말들을 써나가는 그 막간의 틈새. 편지는 상대를 향해 쓰지만 끊임없이 내 감정을 멈춰 세우고는 속도를 조율해야 한다. 그러다 고개를 들면 창밖의 풍경 소리가 들린다.

더 깊게 •

'아무것도 아닌 곳'은 편지 쓰는 카페. 입구 바로 옆에는 민트색 낡은 책상이 있다. 평범한 가구처럼 보이지만 예전에는 집배원들이 우편물 구분대로 썼다. '은퇴'한지금은 편지 쓰는 이들의 책상으로 쓰인다. 나이 먹은 타자기도 놓여 있다. 손 글씨로 써도 되고 타자기를 이용해 편지를 써도 된다. 선반에는 다채로운 문양의 스탬프, 여러 색상의 펜과 색연필 등의 필기구가 구비돼 있다. 원하는 대로 편지지를 꾸며보는 것도 재밌다. 물론 편지는 카페 어느 곳에서든 쓸 수 있다. 우편 분류함처럼 우체국에서 쓰던 가구, 문양이 아름다운 바닥 타일, 켜켜이 나이 먹은 창틀 등이 편지와 잘 어울린다.

편지는 관제엽서와 일반 엽서, 편지지 세트를 구매해서 쓸 수 있다. 편지지 세트는 편지지와 봉투를 포함하는데, 다 쓴 편지는 옛날식 밀랍 인장으로 봉인한다. 카페 앞에는 빨간 우체통이 있다. "시간이 지난 후로부터"라고 적힌 우체통이다. 여기에 편지를 넣으면 1년 후 어느 날 문득 배달된다. 우체국과는 문 하나를 사이에 두고 있어 창 너머로 우체국이 보인다. 화장실을 우체국과 같이 쓴다.

#11

홍성
이응노의 집

•

무수히 많은
손에 손을
굳건히 잡게 한
그 숨결의 비밀은 뭘까?
남몰래 가벼운 마음
고이 담아둔 노화가의 집에서
곁 자리 내어준 당신들을 떠올린다

———

#군무라는그림 #손에손잡고 #어울리는마음
#남몰래가벼운마음 #정원이있는미술관

• 이응노의 집 •

충남 홍성 홍북읍 이응노로 61-7
041-630-9232

the ORANGE •

이응노의 집 북 카페 '고암책다방'에 먼저 들렀다. 사람이 없어 옆 사무실에 물었다. 직원 한 사람이 나와 망설이다가 주문을 받고 커피를 내렸다. 자신의 일은 아니지만 종종 있는 일이라는 듯. 그런 모습이 괜히 좋았다. 요즘 이응노의 집은 주말이면 내포신도시에서 사람들이 소풍 온다 했다. 잔디 마당에 그늘막을 치고 즐긴다고. 불판을 꺼내 들지 않은 이상 크게 상관 안 한단다. 커피를 내리던 이는 마지막에 '촥!'하고 원터치 팝업 텐트가 한 번에 펼쳐지는 장면을 음성으로 재현했다.

이응노의 집은 10년 만이었다. 개관하고 얼마 지나지 않은 시기였다. 막 완공해 삭막한 집과 갓 뿌리 내린 나무의 정원이 황량했다. 어서 세월이 흘러야 할 텐데, 하고는 괜히 그 땅의 시간을 재촉한 기억이 있다. 그사이 자란 건 정원의 나무만은 아니어서, 내게도 이응노 작가의 작품을 마주할 기회가 여러 차례 있었다. 이번에는 이응노 작가의 세계를 좀 더 가까이에서 마주하리라 다짐했다.

"그들은 자신들이 원하는 것을 말했지만, 나는 남몰래 가벼운 마음으로 줄곧 그리고 또 그렸다. 땅 위에, 담벼락에, 눈 위에, 검게 그을린 내 살갗에, 손가락으로, 나뭇가지로 혹은 조약돌로."

　이응노 생가 기념관 전시 홀 입구에는 이응노 생의 궤적이 적혀 있었다. 1971년 폴 파게티 갤러리(Galerie Paul Facchetti, 파리) 개인전 서문에 이응노 작가는 외로움을 견디고 잊었다고 고백한다. 동백림(동베를린) 사건으로 간첩 누명을 쓰고 옥살이를 한 후였다. 북한의 아들을 만나고파 동베를린을 찾은 게 화근이었다. 두 번을 반복해서 읽고 나니 "남몰래 가벼운 마음"이 눈에 밟혔다. 땅 위에, 담벼락에, 눈 위에, 나뭇가지와 조약돌로 그려내야 했던, 마음 가벼운 것이 그에게는 남몰래 해야 할 일이었구나 싶어서.

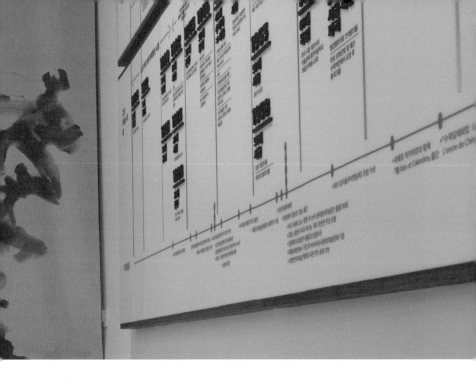

　　비통한 듯 비장한 그 문장이 이끄는 대로 전시장을 옮겨 다녔다. 「문자추상」도 좋았지만 「군무」와 「군상」 앞에서 오래 머물렀다. 각각의 작품 연도와 무관하게 하나의 커다란 우주 그 자체로 다가왔다. 입구에서 읽은 문장들 때문이었을 거다. 어우렁더우렁 손에 손잡고 한데 모인 사람들은 서너 명이 수십 명으로, 수십 명이 다시 수백으로, 수백이 커다란 면을 가득하게 채운 수천 명으로, 까마득한 점들의 어울림으로 번졌다. 분노하고 저항하고 환희하는 그 모든 행위가 그림 가운데 남몰래 '가벼운 마음'으로 번지고 있었다. 그 견고한 연대가 찬란하고 웅장해서, 건물 틈새

볕 드는 자리에서 마음을 진정했다.

전시 홀을 나와서는 내포신도시 사는 이들이 소풍 나온다는 정원을 걸었다. 아직은 여름이어서 잔디가 푸르렀다. 황토 빛깔의 건물과 그런대로 잘 어울렸다. 맞은편에서 강아지와 산책 나온 두 사람이 걸어왔다. 연인 같기도 부부 같기도 했다. 내포신도시에 사는 사람들일까? 그 위로 '촥!'하고 원터치 팝업 텐트가 한 번에 펼쳐지는 장면을 상상하니 마치 군무 같기도 했다. 잠시 나의 손을 잡고 사는 사람들의 얼굴을 떠올려 보았다. 어울려 추는 춤이 꼭 손짓과 발짓의 춤이어야만 할까? 더불어 살아내 기어이 푸름을 꽃피우면 그 또한 군무일 테지. 그것이 이응노 작가가 그려낸, 기어이 내게 들려주고 싶은 남몰래 가벼운 마음이었으려나.

더 오래 •

　이응노의 집은 조성룡 건축가의 건축 세계에 끌려 처음 찾았다. 2013년 한국 건축문화대상 사회공공부문 대상을 받은 건물이었다. 그가 지은 건물은 늘 자연과 잘 어우러졌다. 이응노의 집 역시 마찬가지다. 야트막한 언덕 위에 사각의 단층 황토 집 몇 채가 놓였다. 농촌 풍경을 헤치며 요란하게 등장하는 전시관이 아닌, 길가에 슬며시 기대 자리한 모습이 정겨웠다.

　건물은 얼핏 보면 사각형 네 개가 무심하게 툭툭 던져진 것 같다. 실은 하나로 이어져 이응노 작가의 '군무'나 '군상'을 다룬 작품을 연상케 한다. 일부 각진 모서리는 유리창이어서 햇볕이 스밀 때 맞잡은 손 위에 온기가 깃드는 듯하다. 특히 건물 안에서는 그 빛이 연출하는 공간의 그림자가 또 하나의 작품처럼 존재한다.

　그리고 무엇보다 이응노 작가가 고향 홍성의 중계리 마을과 들녘을 평온하게 바라보는 것 같아 좋다. 비록 그의 몸은 파리의 페르 라셰즈 묘지(Père Lachaise Cemetery)에 묻혀 있지만. 참, 대전에는 또 다른 이응노 공간이 있다. 프랑스 건축가 로랑 보두엥(Laurent Beaudouin)이 설계한 이응노미술관이다. 한국과 프랑스, 두 나라의 건축가가 이응노 작가를 어떻게 해석했는지 비교하는 것도 흥미롭다.

더 깊게 •

이응노의 집은 이응노 생가 기념관에서 걸음을 확장해야 온전하게 돌아볼 수 있다. 정방형 건물이 잇대는 이응노 생가 기념관 옆에는 이응노 생가를 복원했다. 이응노 작가가 스케치한 1940년대 고향 집에 기초했다. 초가 곁으로는 대숲과 채마밭을 잘 살렸다. 생가 뒤편 언덕에서는 기념관 전체 형태를 조망할 수 있다. 생가 북쪽으로 난 마을 골목은 이응노의 집 창작 스튜디오로 향한다. 창작 스튜디오는 소 50여 마리를 키우던 축사에 컨테이너를 쌓아 올려 지었다. 1층은 작가들의 작업 공간, 2층은 숙소다.

이응노 생가 동쪽은 덱 산책로가 놓인 연지다. 연꽃이 가득 피어나는 여름이 아름답지만 계절마다 다른 표정이 잠시나마 사색의 시간을 제공한다. 이리 주변을 거닐다 문득 생각난 듯 이응노 생가 기념관을 돌아본다. 길가에서는 그저 네 개의 사각형 단층인 듯했지만 그것들이 겹치며 새롭고 다르게 보인다. 그리고 북쪽 용봉산에서 남쪽 일월산으로 이어지는 자연의 거대한 흐름 한가운데 이응노의 집이 자리하고 있다는 걸 알게 된다.

12

고성(강원)
신선대

·

땀 흘려서 얻는
순도 100%의 기쁨
쉽게 자주 성공하며 자신감 쌓고
마음 챙김 연습하기

—

#일출산행 #금방자신감채울수있는 #가성비좋은등산코스
#열썽열썽열썽

강원 고성 토성면 화암사길 100 금강산 화암사

the ORANGE •

고백하자면 등산을 그리 좋아하지 않는다. 내려올 일을 왜 올라가서 만드냐는 생각에서다. 그래도 직업이라 간혹 산을 오르곤 하는데 이게 여간 피곤한 일이 아니다. 승부욕이 강한 터라 누가 내 앞을 질러가기라도 하면 득달같이 쫓아가서 따라잡는다. 물론 곧장 숨을 헐떡이며 녹다운 되기를 반복한다. 그 정도는 괜찮다. 무엇보다 저기쯤이 정상이겠거니 하고 올랐는데 다시 능선이 꼬리를 물고 이어질 때 깊은 좌절을 느낀다.

그날도 원고 청탁을 받아 취재할 산을 찾고 있었다. 이왕이면 설악산 울산바위를 보면 좋겠다고 생각했지만 내가 가진 기량으론 그 산을 오를 수 없다고 판단했다. 지금 생각해도 타당한 자기 객관화였다. 내 체력에 맞는 다른 산을 찾다가 설악산과 마주한 금강산이 있다는 검색 결과에 한동안 어안이 벙벙했다. 금강산이 남한에 있다고? 백두산에서 시작된 산줄기가 금강산을 지나 태백산까지 뻗었다가 내륙에 있는 속리산과 지리산으로 이어진다. 백두대간이다. 그중 가장 아름답기로 소문난 금강산이 휴전선을 넘어 강원도 고성에 한 발 걸치고 있다. 금강산이라니 이 아득한 정서적 거리감과 호기심이 동시에 피어올랐다.

달이 져서 어두운 새벽, 칠흑 같은 산길을 저벅저벅 걸었다. 나와 동행의 숨소리만 들릴 뿐 적요했다. 한밤에 요란한 배기음을 쏟아붓고 가는 자동차 소리가 없는 게 무척 낯설었다. 고요 속에서 반복된 걸음 덕분에, 의도하지 않아도 내면의 소리를 경청하고 스스로 묻기를 반복했다. 30분간 명상 유튜브를 켜놓은 듯 마음이 정화되었다. 정상까진 90분인데 반쯤 가서 걸음을 무른다. 아니나 다를까 능선이 동해 방향으로 꺾이면서 내 마음도 함께 꺾였다. 근처 반석 하나를 잡고 털썩 주저앉았다. 이제 내려갈까 하는 마음이 들었던 것 같다. 하면 할 수 있다고 믿고 시작했는데 이렇게 주저앉을 때면 제대로 못 할 거란 불안감이 들어 섣불리 포기하게 된다. 이번엔 시쳇말로 '중꺾마(중요한 것은 꺾이지 않는 마음)'란 생각에 끝까지 덤벼 보기로 했다. 다행히 걷기 편한 오솔길 끝에 신선대 표지판이 보인다. 거의 다 왔다는 뜻이다. 울창한 솔숲 가지 사이로 언뜻 보이던 울산바위가 화강암반 지대에 오르자 제 모습을 드러냈다. 뜨는 태양을 오롯이 받아 붉게 빛났다. 마음이 급해졌다. 신선대에 있는 낙타 바위 끝에 서면 동해 일출을 볼 수 있다고 해서 새벽부터 올랐던 산이다. 넓은 암반 지대를 넘어 신선대 낙타 바위에 도착했다. 해발 645m인데 속초 시내가 한눈에 들어왔다. 멀리 도시의 열망 같은 불빛이 하나둘 꺼지고 바다 위로 해가 기개 높게 떠올랐다. 아직 흙 속에 남아 있던

물기가 휘발해 하늘로 올라간다. 내 코도 그만큼 높아졌다. 압도
적인 기량 차이로 판정패를 당할 것 같았는데 마지막 혼신의 힘
을 다해 꽂은 주먹 한 방으로 KO승이 된 기분이었다. 이 호연지
기를 어찌할까. 정상에 올랐다는 성취감과 개운함에 자신감이 붙
어서 영화 〈록키(Rocky)〉(1977)처럼 두 팔을 들고 방방 뛰었다.

스포츠나 게임은 모두가 승리할 수 없지만 등산은 의지가 있
는 모두가 승리할 수 있다. 어쨌든 '정신 승리'도 승리니까. 승리
감을 쌓아 자기만족을 향해 끝까지 밀어붙일 수 있는 원동력이
된다.

더 오래 •

    신선대까지 오르는 등산로는 금강산 화암사(禾巖寺)에서 시작한다. 신라 혜공왕 5년(769년)에 진표율사가 창건했다. 천년 세월을 이길 건축물이 어디 있으랴. 오랜 시간 개보수해서인지 절은 새것처럼 낯설다. 오히려 절이 바라보고 있는 '수암(穗巖)' 바위에 눈이 간다. 화암사 역대 스님들이 수행을 위해 오르던 바위다. 벼 낟가리처럼 생겨 '이삭 수(穗)'를 써서 수바위라고도 부른다. 화암사 앞뜰에 있는 찻집, 청황(구 란야원)에서 수바위와 독대하듯 마주할 수 있다. 한겨울 절을 찾았을 때 뜨끈한 마룻바닥에 앉아 쌍화차를 마시고 있으니 보살님이 말했다. "저 수바위까지 화암사에서 100m밖에 안 돼요." 말을 듣고 보니 맨얼굴인 겨울 산자락에 나무계단이 보였다. '여기에서 저기로, 저기에서 여기로 올라가면 바로 수바위군.' 눈으로 길을 따라 오르내린 뒤 거의 수양에 가까웠다며 만족했다. 어느 여름날, 화암사 청황에 앉아 수바위를 보는데 수북한 잎사귀 사이로 길이 보이지 않자 등산해볼까 하고 생각했다. 결심은 뜻하지 않는 곳에서 서기 마련이다. 그게 아니라면 청황의 통창이 최면술을 부렸든가.

더 깊게 •

　화암사에서 신선대까지 가는 등산로는 수바위 코스와 화암사 코스가 있다. 수바위 코스는 신선대까지 가파르게 이어지는 계단길이다. 편도 1.2km, 어른 걸음으로 50분 정도 걸린다. 화암사 코스는 절 앞 세심교(洗心橋)를 건너기 전 왼쪽으로 난 숲길이다. 편도 2km, 어른 걸음으로 1시간 정도다. 계곡 길만 오르면 경사가 완만해 등산 초보에게 권한다. 들머리와 날머리를 따로 정해도 된다. 신선대에서 갈림길이 나온다. 울산바위가 정면으로 보이는 장소까지 표지판만 보고 가면 혼란을 겪기 쉽다. 신선대라고 적힌 표지판이 SNS에서 '인생 숏' 명소로 소문난 장소와 닮지 않아서다. 거북이를 닮았다는 신선대부터 화강암반을 지나 신선대 낙타 바위까지 와서야 비로소 울산바위 돌병풍이 손에 닿을 듯 가깝다. 기암 단애 끝에 서면 속초 시내와 동해가 펼쳐지는데 일출 명소로 이만한 명당이 없다.

#13

구례
화엄사 구층암

·

바람이 지나면 흔들리고
비가 오면 맞고
태양과 마주하되
맞서지 않으며

자연 순리대로 자란
차 한잔이 참 말갛다

—

#사람이든식물이든 #스트레스주지마세요
#확쓴맛 #보여줄게

• 화엄사 구층암 •

전남 구례 마산면 화엄사로 539 화엄사 내
061-783-7600

the ORANGE •

거실 한쪽에 선물로 받아온 난이 있다. 이름은 덴드로비움 샌더라이 루조니쿰(Dendrobium sanderae luzonicum)이다. 사실 나는 '식물살인마'라는 무시무시한 별명을 가지고 있다. 또다시 가해자가 될 수 없다며 거절했으나 쉽게 키울 수 있다고 해서 설득됐다. 화분을 주며 그가 한 말이 있다. "스트레스를 주면 꽃을 피울 겁니다." 살아갈 환경을 나쁘게 하면 위기를 느낀 난이 종족 번식의 일환으로 꽃을 피우고 씨를 뿌린다는 거다. 그리고 며칠 뒤 취재로 간 구례 화엄사 구층암에서 식물에 대한 다른 시선을 만났다.

지리산의 대찰 화엄사는 여러 암자를 두고 있다. 화엄사 본관에서 가장 가까운 암자, 구층암은 차 공양으로 찾는 이가 많다. 주지로 계신 덕제 스님이 차를 내려주고 함께 담소를 나눌 수 있어서다. 암자에 도착하자 스님은 산으로 향하셨다. 취재 덕에 일반인은 갈 수 없는 야생차밭을 보여주신다는 거다. 비탈이 심한데도 스님은 10년 어린 나보다 더 날랬다. 매일 차밭을 관리하러 오르내렸으니 당연하다. 야생차밭이라 일러주는 장소엔 대나무와 차나무가 한데 뒤엉켜 구분이 안 됐다. 말 그대로 야생이었다. "이 차나무가 얼마나 되어 보여요?" 한 30년은 됨직하다는 대답에 어림없다는 듯 100년은 넘었다고 했다. 대나무 그늘에서 자라 느리게 성장했다 한다. 이 중생이 보기엔 의아했다. 암자 근처에 차나무를 기르고 대나무는 솎아내면 되지 않냐 물었고 스님이 말했다. "내가 차를 한 지 20년 됐는데 한 번도 맛과 향을 내보려고 한 적은 없어요. 찻잎 크기, 수령, 계절, 날씨마다 달라지는데 내가 어떻게 자연의 섭리를 이겨냅니까. 자연이 주는 대로 만들어서 마시며 알아갈 뿐입니다."

구층암 승당(僧堂)에 앉아 죽로차를 받았는데 잔이 차가웠다. 끓였다 식은 차는 떫어서 마시고 싶지 않았는데 일단 마셨다. 예상외로 맛은 달고 부드러웠다. 표정을 살피던 스님은 뜬금없이 염소 이야기를 했다. "염소를 가만 보면 여기서 풀을 뜯어 먹다가 다음엔 먼 곳 가서 먹는대요. 왜냐, 자기를 지키기 위해서 풀이 쓴 맛을 내거든요. 차나무도 같아요. 편하게 일하려고, 많이 따려고, 가지를 치고 못살게 굴면 식물도 스트레스를 받지요. 그래서 나는 차나무는 안 건드려요." 차가 스트레스를 받으면 타닌 성분을 만드는데 이게 우리 입 안과 위에 있는 점막을 분해해서 속이 쓰리게 한다는 말씀이다. 그래서 스트레스를 받지 않는 구층암 죽로차는 쓰지 않다고 했다. 마지막에 한 마디를 덧붙였다. "차나 염소뿐만이 아니지요. 살아있는 모든 것이 다 그렇지요."

구례에서 돌아와 며칠이 지났다. 집에서 달달한 향이 났다. 코를 킁킁대며 집안을 살피다가 꽃을 피운 난 앞에 섰다. 나는 지금껏 식물이 살아갈 수 있게 정성으로 보살피면 꽃이 피고 열매를 맺는다고 생각했다. 식물의 관점으로 본 적이 없는 사고였다. 살아가면서 얼마나 다양한 시선을 경험할 수 있을까. 세상을 이해하기 위해 관점이란 도구 하나를 손에 쥐고 다시 또 길을 나선다.

더 오래 •

    화엄사 대웅전 뒤로 대나무 숲길을 5분만 걸으면 구층암에 도착한다. 고행 없이 화엄 세계에 닿을 수 있을 것 같지만, 울울창창한 숲이 세상과 단절해 사유하다 보면 한참이다. 고아한 석탑 뒤로 승당이 먼저 보인다. 주지 스님이 머무는 본체 요사채다. 일자로 일곱 칸 건물에 긴 마루와 문이 있어 앞쪽 같지만 뒤태다. 앞태를 본 사람들은 열이면 열 모두 놀란다. 죽은 모과나무가 기둥으로 쓰여서다. 갈라진 가지와 잘린 옹이가 마치 살아있을 적 모습 그대로다. 천불전 앞에 산 모과나무와 비교해도 구분이 어려울 정도다. 1936년 구층암 법당을 짓던 여름, 태풍에 쓰러진 모과나무를 버리지 않고 기둥으로 사용했다. 서까래를 들게 하자고 한 목수와 이를 허락한 스님, 쓸모에 한계를 두지 않고 만물은 모두 각자의 쓰임이 있다고 소리 없이 가르친다.

더 깊게 •

　　구층암을 품은 화엄사는 백제 성왕 22년에 연기조사가 불교 대표 경전인 화엄
경을 바탕으로 창건했다. 일주문을 지나 겹겹이 핀 연꽃을 닮은 가람 형태도 화엄경
에서 나오는 연화 모양 세계와 하나가 된다. 사찰 중심인 대웅전과 국보 각황전까지
보고, 들어야 할 이야기가 가득하다. 본찰에 야생차 기원을 알 수 있는 장소가 있다.
각황전 뒤 4사자 삼층석탑과 석등이다. 석등 안에는 화엄사를 창건한 연기조사가 조
각되어 있다. 무릎을 꿇고 왼손에 찻잔을 든 그는 맞은편 석탑에 있는 어머니를 향한
다. 연기조사는 부처와 같은 어머니에게 매일 정성을 다해 우려낸 차를 공양했다고
한다. 찻잎을 따고, 덖고, 우려내는 고단한 과정에 효심이 담겨있다. 635년 화엄사
주지로 있던 자장율사는 생전 지극했던 효심을 기려 석탑과 석등을 조성했고 효대라
불렀다. 화엄사 차 역사는 이때보다 먼저 시작된 셈이다.

#14

밀양
명례성지

•

솟구치는 기쁨은
경이로운 자연의 땅에 발을 내딛는 것
날카로운 마음은
기쁨이 쌓여 소금처럼 녹아내리는 것

—

#소금같은건축물 #행복은밖에서오지만
#기쁨은내안에서솟구치는것

• 명례성지 •

경남 밀양 하남읍 명례안길 44-1
055-391-1205

천주교 신자로 살아, 때때로 고해 성사를 한다. 좁은 방에 앉아 주로 고하는 죄목은 사람에게 말로 상처를 주었다는 내용이다. 그날은 신부님이 되레 물었다. "왜 그런 것 같으세요?" 나의 침묵에 신부님이 말했다. "내 속에 기쁨이 없어 그렇습니다. 행복은 밖에서 오지만 기쁨은 내 안에서 솟구쳐야 하죠. 그것이 가득하면 다른 사람에게 상처 낼 일이 무엇입니까." 솟구치는 기쁨에 대한 성찰을 위해 명례성지를 택했다. 산티아고 길을 걸으며 영적인 기쁨을 느끼고 싶은 그들의 마음처럼 나도 깨달음을 얻을 수 있지 않을까 해서다. 완전한 도보 순례자가 되지는 못한 채 차를 몰아 명례성지가 있는 낙동강 지류에 도착했다. 비록 흙길을 걸어온 건 아니지만 고단했다. 시트를 뒤로 젖히고 까무룩 잠이 들었다 깨니 어느덧 해가 지고 있었다. 낙동강은 금싸라기처럼 빛나고 물길 너머 마을은 어둠에 대항하듯 하나둘 불을 밝힌다. 마치 재난 블록버스터에서 인간이 승리한 엔딩 장면처럼 평화롭다.

이곳은 1866년 병인박해 때 소금 장수, 신석복 성인의 순교로 시작된 '소금 영성'으로 유명하다. 1896년 경남 최초로 지은 천주교회 본당인 명례성당으로 확장한다. 낡은 한옥 성당이 가진 서사를 눈여겨본 건축가 승효상은 둔덕 땅 전체가 성스러움으로 연

결되도록 조성한 뒤 '성서적 풍경(Biblical Landscape)'이라 이름 붙였다. 예수의 십자가 길인 14처를 세우고 서쪽 경사지에 있는 성인 생가터에 신석복 마르코 기념 성당을 지었다. 터를 처음 발견한 이제민 신부는 기념 성당을 의뢰할 때 '언덕 능선을 그대로 살려 마을에 위압감을 주지 않게 지어 달라'는 조건을 냈다고 한다. 으레 높이 솟은 첨탑에 십자가가 보일성싶지만, 길가에선 찾을 수 없는 이유다. 비탈 높낮이를 따라 건물이 지어져 한옥 성당에서는 지하로, 강변에서는 축대처럼 보인다.

느스해진 햇살을 등으로 받으며 건물 옥상 계단에 앉았다. 소금 결정 같은 정육면체 구조물은 성인의 순교 정신인 '녹는 소금'을 상징한다. 녹는 소금이라…. 어른이 되기 전부터 돈을 벌어야 했던 내 삶은 녹지 않는 소금 같았다. 기계적으로 일하느라 늘 입

안에서는 짠맛이 나는 느낌이었다. 정말이지 모든 것에 지친 날이면 상처 주는 말을 뱉었다가 담지 못해 후회하기도 했다. 계단에서 일어나 콘크리트 소금 모서리를 가만 만져봤다. 어느 것은 뾰족하고, 어느 것은 무뎠다. 너무도 견고해 변하지 않을 것 같았던 콘크리트가 오랜 세월, 비바람을 맞아 뭉툭해졌다. 건축가가 생각한 녹는 소금은 실제로 녹고 있었다. 그 순간 내 안을 날카롭게 긁어 대던 소금 결정 위로 무언가 툭 떨어지는 소리가 들렸다. 명례성지에서 만난 경이로운 풍경이 기쁨 한 방울이 되어 내 안에서 솟아났다. 이렇게 순간의 경이를 받아들여 작은 기쁨들로 소금을 녹이다 보면 어느덧 그 자리에 솟구치는 기쁨이 충만한 날도 오지 않을까.

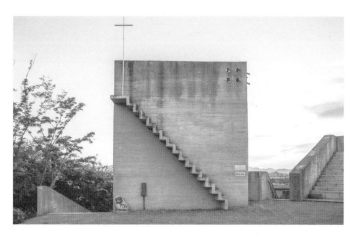

더 오래 •

    승효상 건축가의 건축은 검박하다. 누군가에겐 단순해 보일 수 있으나 허투루 짓는 건 아니다. 끊임없이 자신을 객관화하고 타인이 가진 삶의 방식을 고려하는 건축을 한다. 설계도 위에 선 하나를 그어도 누군가에게 영향을 줄 수 있으니 실수가 없어야 한다고 했다. 명례성당과 기념성당 사이에 있는 마당은 그가 가진 건축 철학의 하나인 공동 공간이다. 야외 미사를 드리거나 작은 공연이 열려 마을 주민과의 공동 이익을 지향한다.

    기념 성당은 하나의 덩어리처럼 보이지만 선과 면, 공간의 집합체다. 구획된 동선으로 영성 또는 사유할 수 있는 공간이 만들어진다. 군더더기 없이 간결하게 비어 있어 생각하기 좋다. 해 질 녘이면 콘크리트 벽에 그늘이 지면서 직선과 대각선, 교차하는 선이 난무한다. 그림자가 점점 짙어지다가 모든 선이 사라지는 순간, 마치 정화 의식을 마친 것 같다. 지층에서 한 계단 내려가면 벽이 뻥 뚫린 사각형 프레임 하나가 있다. 이곳에서 일몰을 감상하기 가장 좋다. 날마다 다른 강변 풍경을 걸어둔 액자 같다. 해가 지는 동안 지구의 자전운동이 고스란히 느껴진다. 경이로운 풍경은 늘 자연이 만든다. 사람은 그저 도울 뿐.

더 깊게 •

　　명례성지는 크게 세 개의 건물로 구역을 나눌 수 있다. 입구에 있는 라우렌시오 집은 1896년 명례성당을 지은 강성남 라우렌시오 신부 이름을 땄다. 김대건 안드레아, 최양업 토마스에 이어 우리나라 세 번째 사제다. 강성남 신부가 신석복 성인의 생가터에 지은 한옥이 명례성당이다. 태풍에 우여곡절이 있었지만 30여 년이 지나 지금의 자리로 옮겨져 오늘까지 이어지고 있다. 내부 중앙에 떡하니 서서 양쪽 공간을 가로막는 기둥은 성당 초창기에 남녀 자리를 구분하기 위한 천을 둘렀던 장치. 천주 교리와 유교 문화가 뒤섞인 다난한 당시의 흔적이다. 경남 등록문화재인 성당 뒤로 기념성당을 짓기로 한 건 신석복 성인 터를 발견한 후 12년 만의 일이었다. 소금처럼 순교한 그를 기려 후원회를 조성해 만들었는데 아직 미완성이다. 승효상 건축가가 '평생의 과업'이라고 한 이 프로젝트는 신자들의 마음과 함께 지금도 진행 중이다.

#15

보은
어라운드 빌리지

.

소란스러운 세상에서 조금 지쳤을 때
가장 먼저 찾게 되는 숨숨집
보편적인 취향을 갖춘
시시덕대기 좋은 나의 아지트

―

#누구나고양이숨숨집 #하나는갖고싶어하지않나요
#캠핑을즐길수있는 #복합문화공간

• 어라운드 빌리지 •

충북 보은 탄부면 사직1길 34
0507-1401-6375

the ORANGE •

몇 해 전 나는 사는 게 만만하지 않았고 생의 비수기라 정의한 시기를 보내고 있었다. 이따금 집에 있으면서 집에 가고 싶다고 내뱉었는데, 더 깊은 곳으로 숨어들고 싶을 때마다 그렇게 느끼곤 했다. 가스통 바슐라르(Gaston Bachelard)의 책 『공간의 시학』(동문선, 2023)에는 집에 대한 흥미로운 이야기가 등장한다. 집은 "짐승과 폭풍우에 방어하는 저항의 상징에서 시작"해 "인간적인 가치와 위대함으로 거듭난다"고 말한다. 우리가 집에 가자는 말에 안도감을 느끼는 것도 같은 맥락일 수 있겠다. 집은 공간 밖의 위기로부터 우리를 보호하기 때문에 무해하고 내밀하며 무사하다.

그런 의미에서 충북 보은에 있는 어라운드 빌리지는 내 '숨숨집'이다. 영역 동물인 고양이는 개인적인 공간이 필요해서 자기 몸을 숨기고 보호할 수 있는 휴식처를 찾는데 이를 숨숨집이라 한다. 어라운드 빌리지에 처음 왔을 때부터 은근히 친근했다. 주인장이 풀을 걷어내는 일에 부지런하진 않아서 사람이 다니는 길 외엔 잡초가 무성했다. 필요에 의한 행동 외에 하지 않는 그게 또 나와 닮아서 편안했다. 무성한 잡초는 오히려 방풍림처럼 캠핑장을 두르고 있어 아늑했다. 오래된 나무가 주는 큰 그늘은 듬직했다. 바람에 흩어지는 웃음소리, 무심히 놓인 소품, 따스한 빛의 조명이 부족하지도 넘치지도 않았다. 그렇다. 모든 것이 적당했다.

라이프스타일 매거진 『ALOUND』를 발행하는 주식회사 어라운드가 폐교된 탄부초등학교 사직분교를 복합 문화 공간으로 재단장했다. 한때 아이들이 뛰어놀았을 운동장은 텐트로 빼곡하다. 주말에는 출석을 부르다 종이 울릴 정도로 사람이 많다. 캠핑족이 경쟁하듯 텐트를 꾸며서인가 넓은 운동장은 운동회 때 달린 만국기처럼 오색찬란하다. 반면 학교 건물은 순수의 시절을 표방하듯 온통 순백이다. 교실과 교무실은 게스트 룸과 카페가 되었다. 오래, 많이 밟아 삐걱대지도 않는 마룻바닥 복도를 지나면 카페가 먼저 나온다. 주인장이 내려주는 드립 커피는 느슨한 쉼표가 되기도, 수다 속 감초가 되기도 한다. 해 질 무렵 기운을 다한 햇빛이 덩굴을 비집고 들어오는 은은한 순간이 가장 예쁘다. 체크인 센터이자 매점도 겸한다. 이곳을 가장 많이 들락날락하는 이는 어린이뿐 아니라 동심을 찾는 어른도 포함된다. 레트로 오락기 두 대가 복도에 나란히 서 있다. 누군가 게임을 하기 시작하면 우르르 구경꾼이 몰려든다. 밥 먹을 시간이 되면 구경꾼 중 하나 둘은 엄마에게 잡혀(?)가기도 한다. 1층에는 공용 샤워실과 화장실이 있는데 괜스레 생각난 학교 괴담 탓에 뒷덜미가 시려오는지

땅거미가 지면 유독 발길이 드물다. 생리 현상을 참을 수 있을 때까지 참거나 삼삼오오 모여서 다녀오는 건 어쩔 수 없다. 흐릿했던 기억은 하나둘 구체화된다. 중앙 현관에서 실내화로 갈아 신을 때 한여름 발에 난 땀으로 마룻바닥에 도장을 찍었고, 수업 시간에 먹으려고 책상 서랍 안쪽에 넣어둔 사탕이 녹아 설탕물 입은 교과서를 물에 빨아야 했다. 소소한 추억들이 그리워지는 시간, 유년 시절 맑고 산뜻한 감성을 다시 느끼고 싶다면 좋은 대안이 되어 줄 것이다.

더 오래 •

　별채가 없어졌단 비보를 접했다. 한 해 전만 해도 이곳에 가면 꼭 머물렀던 곳인데 이젠 운영하지 않는다는 연락을 받았다. 별채는 옛 학교를 관리하던 경비원의 숙직실이었다. 방이 2칸, 침대가 2개, 화장실과 주방 겸 거실이 있었다. 짐을 풀고 나면 싱크대 앞에 앉아 어쭙잖은 드라마 시나리오를 상상하길 좋아했다. 연로한 선생님과 예의 없는 관리인의 하극상이나 오지 않는 숙직 담당자에 관한 이야기들 말이다. 한참 머리를 굴려 가며 떠올렸는데 막상 시간은 얼마 지나지 않았었다. 시골의 시간은 다르게 가는 듯했다. 문득 어제까지 계속됐던 고민과 걱정도 잊고 있다는 걸 깨달았었다. 그때 나는 안도했다. 잘됐다. 김이듬의 시 「겨울휴관」(『말할 수 없는 애인』 문학과지성사, 2011)에서 말했듯 "그림을 걸지 않은 작은 미술관처럼" 쉬어가자. 어떤 경험과 생각을 했는지는 잊고 뭉근하게 끓인 수프처럼 풀어져 버린 나를 칭찬했다.

　별채는 캠핑 사이트와 거리가 있지만 담장에 뚫린 개구멍을 통해 등교하듯 가까웠었다. 독립적이라 몽상하기에 편리하고 평화롭던 곳인데 없어져서 아쉽다. 하지만 이 또한 나는 안도한다. 어라운드 빌리지에 있는 게스트 룸에 머물거나 운동장에 텐트를 치고 다른 몽상을 즐길 수 있다.

더 깊게 •

　　운동장은 오토캠핑장, 스탠드 위는 글램핑장, 학교 건물 안에 게스트룸까지 어떤 숙박시설을 좋아할지 몰라 다 준비한 느낌이다. 덕분에 선택의 폭이 넓다. 감성 잡지 제작자인 만큼 글램핑장과 게스트 룸의 인테리어는 섬세하게 매만진 티가 난다. 포근한 침구와 감성적인 소품들이 잘 어우러져 있다. 특히 글램핑장은 온돌바닥으로 되어 있고 온수도 콸콸 나오니, 눈 내린 겨울날에도 가고 싶다. 오토캠핑장은 파쇄석과 잔디밭 구역으로 50여 개 사이트. 공간이 넓은 편이라 여유롭게 이용할 수 있다. 운동장 중앙에는 그늘이 없으니 여름에는 가장자리로 예약하자. 텐트가 없는 여행객이라도 이곳에서 캠핑을 쉽게 즐길 수 있다. 텐트부터 그늘막, 캠핑 소품을 유료로 빌려준다. 가족 캠핑족을 위한 모래 놀이터와 트램펄린이 있고, 여름엔 미니 풀(pool)도 운영한다. 반려동물과 함께할 수 있다. 우리 집 고양이인지 구분하기 어려울 정도로 친화력이 강한 길고양이도 많다. 고양이 간식을 따로 들고 가도 좋다.

#16

부산
영도대교

•

가장 고달픈 시대를
등에 업은 다리 하나가
누구에겐 오늘을 살아갈 원동력을
누구에겐 내일로 나아갈 희망을 쥐여 준다

—

#19세기 #전국민이알던 #진정한랜드마크

#전쟁피란민의 #가족상봉이정표

• 영도대교 •

부산 중구 용미길9번길 6-45 유라리광장

the ORANGE •

나는 부산에서 태어났다. 학교 다닐 때 교과서에 '부산은 제2의 수도' '제1의 항구도시'라고 나오면 형광펜으로 줄을 그으며 자부심을 키웠다. 명절에 '진짜' 수도에서 온 사촌이 서울 자랑을 할 때면 '피란 수도'도 수도라고 우겼다. 팍팍하고 처참한 시절이 무슨 자랑이었을까만은, 전국에서 출발한 피란 열차가 이곳으로 모여들었다며 부산 없었으면 어쩔 뻔했냐고 따져 물었다. 6·25전쟁을 겪은 이모는 희미해진 기억을 갈무리해 당시 이야기를 해줬다. 어쩌면 피란을 듣는 마지막 세대일지 모른다는 생각에 더 경청했다. 부산에 남은 근현대사의 흔적을 더 오래 기억하고 싶었다.

조선 세종 8년(1426년)에 남포동 앞 포구를 개방한 부산은 고종 13년(1876년)에 근대항구로 변했다. 일제강점기에는 부산에 온 일본인 사업가들이 항구 앞섬인 영도에 조선소를 지었고 인력과 수송할 화물이 늘어나자 섬과 육지를 잇는 도개교, 영도다리를 놓았다. 1934년 준공식 날, 샛강 같은 바다 위로 만국기와 일장기가 줄줄이 내걸렸다. 길이 31.3m인 콘크리트 상판이 하늘 높이 들어 올려진다는 믿기 힘든 소식에 부산 시민 6만 명이 구경에 나섰다. 경남 김해·밀양 등 인근 지역민도 몰려들어 그날 영도다리 일대는 인산인해를 이뤘다고 한다. 우리나라에 단 하나뿐인

도개교, 영도다리는 국민 중에 모르는 이가 없었다. 그러니 전쟁 통에 기약 없이 헤어질 상황이면 모두가 부산 영도다리에서 만나자고 했다. 부산에 도착한 피란민은 영도다리부터 찾았고, 만나지 못한 이의 이름과 사연을 적어 다리 교각에 붙였다. 매일 다리 난간을 부여잡는 이와 어긋날까 싶어 아예 다리 인근에 판잣집을 짓는 이들로 영도 인구는 늘어갔다. 다리는 자주 정체되었고 다리 하부에는 수돗물 공급을 위한 상수도관 설치 공사도 진행됐다. 식민 지배받던 조선 민중의 아픔과 전쟁 피란민의 고달픈 삶을 지고 있던 다리는 1966년, 더 이상 일어서지 못했다.

2013년, 영도다리가 애초의 도개를 다시 시작했다. 이름은 '영도대교'로 바뀌었다. '영도다리'였을 때 다리 상판을 들어 뱃길을 열던 원래 모습을 통해 대한민국의 근현대사를 시민들에게 확실히 기억되도록 하기 위한 조처였다. 이번에도 다리 앞에 사람들이 운집했다. 기억 속에, 혹은 말로만 듣던 영도다리가 '꺼떡꺼떡' 들리고 내리는 현장을 보기 위해서다. 도개를 알리는 사이렌이 울리고 590톤의 육중한 상판 일부가 2분 만에 75도 각도로 세워졌다. 그동안 어르신들은 묵혀 두었던 이야기를 꺼내놓았고 아이들은 처음 보는 장면에 함성을 질렀다. 지금까지도 매주 토요일 오후 2시가 되면 전국에서 온 여행객들이 이 광경을 보기 위해 찾는다.

영도대교 앞에는 〈굳세어라 금순아〉(1953) 노래비가 있다. "눈보라가 휘날리는 바람 찬 흥남부두"에서 금순이와 헤어져 피난 온 부산 영도다리에서 찾는 애달픈 노래다. 지나간 노래 한 곡이 추억을 불러일으키는 것처럼 영도대교는 우리 역사에 가장 고달픈 시대를 기억하게 한다. 동시에 모진 시간을 견디며 씩씩하게 살아낸 영도대교의 모습에 우리는 내일로 나아갈 희망과 원동력을 얻는다.

더 오래 •

    영도대교를 건너면 아찔한 절벽에 세운 흰여울마을이 지척이다. 6 25전쟁 이후 피난민이 몰려들자 영도다리에서 멀지 않은 땅에 만들어진 판자촌이다. 산비탈 경사면이 워낙 가팔라 집에서도 미끄러졌다고 하면 믿을까. 영도 중심인 봉래산에서 내려온 물줄기로 지반이 약해 판자가 무너지기 일쑤였다. 살아야 하니 힘을 합쳐 축대를 쌓고 터를 잡았다. 1990년대쯤 다닥다닥 붙은 판잣집 머리에 슬레이트 지붕을 올려 현재 모습이 되었다. 작지만 야문 모습에 '꼬막집'이라 불렀는데 마을을 걷다 보면 억척같이 살아온 집주인을 닮았다 싶다. 고단한 삶에 바다는 위안이었을까. 가늠하기 어려운 시절을 상상하다 이내 포기한다. 영도 앞바다에는 커다란 선박들이 섬처럼 자리하고 있다. 우리나라 어느 해안에서도 쉽게 볼 수 없는 풍경이다. 국내 최대항만인 부산항에 들어오는 선박들이 대기하는 외항이어서다. 며칠씩 쉬어가는 배들의 숙소인 묘박지다. 해가 지면 어둠에 촛불 하나를 켠 듯 선내 불빛이 검은 융단 같은 바다를 밝힌다. 누구든 이 풍경을 보게 된다면 마음속 어떤 불안과 괴로움이든 잘 재울 수 있길 바라며 자리를 털고 일어섰다.

더 깊게 •

　　1930년대 영도다리는 하루에 6~7번 다리 상판을 들었다. 2013년 복원 후에는 매주 토요일 오후 2시에만 도개한다. 우리나라에서 유일한 도개교가 일주일에 단 한 번, 15분만 이뤄지는 웅장한 풍경을 제대로 감상하려면 위치 선정이 중요하다. 다리가 올라가는 장면을 가장 가까이에서 볼 수 있는 곳은 유라리광장이다. 육지 방향인 부산 중앙동 해안에 만든 공원이다. 봇짐을 이고 진 피란민 모습이 담긴 조형물로 꾸며져 있다. 사이렌이 울리면 철제 울타리에 다닥다닥 붙어 아슬하게 올라가는 다리를 관람한다. 상판이 내려올 때는 영도대교 위에서 관람해 보자. 도로를 통제하고 있어 정면에서 볼 수 있다. 사람과 다리 외엔 모든 것이 잠시 멈추는 순간은 독특한 경험이다. 도개 장면과 일대를 파노라마로 즐기고 싶다면 롯데백화점 광복점으로 가자. 무료로 운영되는 옥상 테라스에 서면 영도 봉래산과 어선이 쉬고 있는 남항까지 한눈에 볼 수 있다.

#17

부천
부천아트벙커B39

•

옛 소각장에 예술이 활활
혐오 시설에서 복합 문화 공간으로
새 활용된 공간 트랜스포머
예술의 무경계를 꿈꾸는

—

#필요한사람에게주는것이재활용 #새활용사용설명서
#순환하는쓰레기 #순환하는삶

• 부천아트벙커B39 •

경기 부천 삼작로 53
032-321-3901

the ORANGE •

처음부터 쓰레기인 존재는 없다. 버리니까 쓰레기가 되었을 뿐이다. 바야흐로 세상은 재활용을 넘어 '새 활용' 시대다. 업사이클링(upcycling)을 한글로 이르는 말이다. 허름하고 낡았다고 버리지 않고 새로운 가치를 부여해 생명을 불어넣는다. 물건은 물론 공간도 대상이 된다. 애초엔 활용성이 떨어지거나, 사용하지 않는 공간에 새로운 기능을 부여해 가치를 높였지만 이젠 건축까지 확대되었다. 쓰임 다한 공장이나 건물이 독창적인 상상력을 통해 새로운 용도의 쓸모 만점 공간으로 환생한다. 부천아트벙커B39가 그렇다.

경기 부천은 대표적인 내륙 공업 도시였다. 그런 부천에 변화가 시작된 건 1980년대 후반, 신도시 건설이 추진되면서다. 급작스레 늘어난 인구로 쓰레기 처리가 어려워 1995년 삼정동 소각장을 지었다. 문제는 소각장 인근까지 주거지가 확장되면서 생긴 주민들과의 갈등이었다. 하루 약 200t의 쓰레기를 태우면서 기준치의 20배가 넘는 다이옥신이 배출됐다. 시민과 환경단체는 소각 반대 운동을 했고 2010년, 가동이 중단되었다. 소각장을 없애려니 약 70억 원이 필요했다. 예산 부족으로 철거가 기약 없이 미뤄지자 흉물스럽게 방치된 소각장을 다른 용도로 활용하자는 의견이 나왔다. 2014년, 부천시청과 문화체육관광부가 '산업단지 및 폐산업시설 문화 재생사업'으로 새로운 문화 예술 플랫폼인 부천아트벙커B39를 고안했다.

부천아트벙커B39는 도색한 벽면을 **빼면** 옛 모습 그대로다. 쓰레기 소각장은 흔히 볼 수 없는 건물이어서 대부분 원형 그대로 남겼다. 다만 방문객의 이동이 원활하도록 복도와 출입구를 추가했다. 관람 동선은 쓰레기가 이동했던 경로와 동일하다. 수거 차량이 쓰레기를 부렸던 반입실에서 관람을 시작한다. 지금은 멀티미디어홀(MMH)이란 이름으로 흩어진 예술을 그러모아 선보인다. 벽면에 청소차가 정차했던 반입문과 수거된 쓰레기를 벙커(Bunker)로 넘겼던 반출문이 마주 보고 있다. 반출문과 연결된 벙커는 쓰레기가 모이던 장소다. 아파트 15층 높이의 거대한 콘크리트 건물이다. B39에 담긴 의미는 다양하다. 'B'는 부천(Bucheon)과 벙커(Bunker), 경계 없음(Borderless)의 영문 앞 글자에서 따왔고, '39'는 벙커 높이 39m와 인근 국도 39호선의 의미를 담고 있다.

벙커에 모인 쓰레기는 소각로를 따라 소각장으로 옮겨졌다. 원래 소각장 건물은 밀폐된 사각형 콘크리트 구조물이었으나 한 벽면의 골조만 남기고 나머지 벽은 허물어 지금의 에어 갤러리(Air

Gallery)로 만들었다. 활활 타오르던 소각로에 들어오던 첫 숨을 기억할까. 이제는 콘크리트에 남은 그을음만이, 지난날 이 길이 소각로였음을 알린다. 마지막은 재벙커(Ash Bunker), 연소 된 쓰레기의 잔해 처리실이다. 앞선 장소들과 달리 특별한 공간 활용은 없다. 통유리 너머로 멈춘 기계와 가늠할 수 없는 공간의 깊이가 하나의 작품처럼 다가온다. 쓰레기 처리 과정을 따라온 길의 마지막 자리에 서서 생각에 잠긴다. 누군가에게 쓸모없어졌다고 모두 쓰레기가 되는 것은 아니다. 시대에 맞는 새로운 가치를 부여하면 재탄생되고, 필요로 하는 사람들은 다시 찾게 된다. 부천아트벙커 B39의 공간은 이 가치를 증명하듯 서 있다. 새 활용과 자원순환에 대해 깊이 생각하게 만드는 힘이 있다.

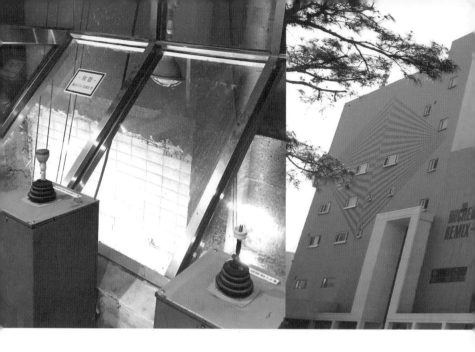

더 오래 •

    소각장 대부분은 쓰레기를 위한 장소지만, 곳곳에 사람이 있어야 하는 공간이 있다. 소각시설 전체를 통제하는 중앙 제어실이 대표적이다. 버튼은 많은데 설명문은 없어 담당자가 아니고선 조종하기 어려워 보인다. 문득 내 의지도 버튼 하나로 작동될 수 있으면 좋겠다고 생각했다. 이건 음식 조절 버튼, 저건 좌절 금지 버튼, 요건 웃음 버튼. 작동 버튼 하나하나에 이름을 달아주다가 아날로그 방식이 떠올랐다. 스크린에 복잡한 수치와 그래프로 조건 값을 입력하고 적용하는 디지털 시대에, 딸깍, 하나의 기능을 가진 버튼 하나로 원하는 것을 작동시킬 수 있는 단순한 시대가 그리웠다. 크레인 조종실도 그렇다. 쓰레기가 타고 남은 재를 퍼서 매립장으로 반출하는 크레인이 있다. 조이스틱과 버튼 몇 개로 움직이는 동체가 허술하다 싶을 정도로 단순하다. 삶도 너무 많은 수를 생각해서 어려운 건 아닐까. 가끔은 단순하게, 하나에 하나만 생각해도 살아가진다.

더 깊게 •

　부천아트벙커B39는 외형만 보자면 어떤 공간인지 알 수 없다. 주변 공장과 겉모
습이 다르지 않고 굴뚝마저 그대로다. 내부는 기존의 골격과 구조를 그대로 살려 옛
공간의 정체성은 유지한다. 1층에는 예술전시를 하는 멀티미디어홀, 벙커, 에어 갤
러리, 재벙커, 유해가스를 처리하는 유인송풍실로 구성되어 있다. 2층은 중앙 제어
실과 크레인 조종실, 과거 직원 숙직실과 휴게실을 리모델링한 스튜디오가 있다. 3
층은 배기가스 처리장과 펌프실, 응축수 탱크 지역 등 다양한 기계 설비실이 소각장
의 지난 이야기를 들려준다. 현대적이고 실험적인 디자인을 곳곳에 배치해 과거와
현재가 조화롭게 공존하는 건물이다. 시민을 위한 문화 예술 프로그램을 운영하며
1층 관리동에 베이커리 카페도 있어 머물기 좋다.

#18

영덕
벌영리 메타세쿼이아 숲

•

오래 머무르고 싶은
늑장 부려도 좋을
생명의 에너지가 가득 찬 그곳에서
나는 나의 안부를 묻는다

—

#숲과바다를모두볼수있는 #경북메타세쿼이아숲
#사유지에개인이조성했지만 #무료개방

경북 영덕 영해면 벌영리 산54-1

148

the ORANGE •

　미국 저널리스트 리차드 루브(Richard Louv)는 책 『자연에서 멀어진 아이들(Last Child In The Woods)』(즐거운상상, 2017)에서 사람은 계절의 변화를 느끼며 성장해야 한다고 말한다. 적절한 야외활동을 못 하면 '자연결핍증후군(Nature Deficit Syndrome)'이 생길 수 있다는 내용이다. 정신 장애까지는 아니어도 우울증이나 주의력 결핍, 비만으로 이어질 수 있다는 의학 연구 결과도 있다니 놀랍다. 밖으로 나가 놀기에 딱 좋은 핑계가 아닌가. 설명을 들어서가 아니라 울창한 숲속으로 걸어 들어갔을 때 편안했던 경험이 있다. 인간은 자연에 있을 때 가장 깊은 유대감을 느껴서 그렇다. 사람은 오감을 완전히 열어 자연을 느끼면 몸과 마음이 치유된다고 한다. 팍팍한 취재 일정을 다닐 때도 주변에 괜찮은 숲을 메모해 뒀다가 주저하지 않고 찾는다. 잠시라도 숨 쉴 요량에서다. 바다의 도시 영덕으로 향하기 전, 누군가 숲을 추천하기에 두말없이 일정에 묶었다.

　벌영리 메타세쿼이아 숲은 이곳이 고향인 장상국 씨가 선산에 오랜 시간 공을 들여 만들었다. 원래 아까시나무가 많아서 꽃 피는 5월이면 향기롭던 야산이었다. 언제부턴가 나무뿌리가 조상 묘를 파고들어 나무를 베어내고, 2003년부터 메타세쿼이아 나무

를 하나씩 심던 것이 6,000여 그루에 이른다. 중국이 원산지인 메타세쿼이아 나무는 가지치기 없이 곧게 자라고 병충해에 강해 우리나라에 가로수 용도로 들여온 수목이다. 세쿼이아는 낙우송 과에 속하는 나무를 통칭한다. 1년에 1m씩 자랄 만큼 빠른 성장 속도를 자랑해 이름에 '메타'가 붙었다. 이곳의 메타세쿼이아는 아직 청춘의 냄새를 풍기는 어린나무지만 성장력이 뛰어나니 곧 품이 넉넉해질 테다.

동해에서 출발한 바람은 메타세쿼이아 숲을 지나며 소금기를 툴툴 털어낸다. 그래서인지 숲속 깊이 들어갈수록 공기가 청량하다. 바람을 따라 숲 밖에서 안으로 들어간다. 숲길에서는 이 끝에서 저 끝까지 정해진 대로 걷지 않아도 좋다. 벌영리 숲길 역시 메타세쿼이아 나무가 가르마를 탄 듯 곱게 줄지어 있지만 따라 걸을 필요는 없다. 산 둘레로 500m 정도 수목이 모여 있다. 초입에 있는 메타세쿼이아 나무들은 허리춤에 키 작은 편백나무를 끼고 있

다. 덕분에 나무 머리부터 땅까지 꽉 찬 신록이 두 눈에 담긴다. 걸을 때 은은하게 풍기는 고유의 향은 덤이다.

　메타세쿼이아 숲은 산 아래 평지에 만들어져 있다. 생각 없이 발을 옮겨도 걸음이 엉키지 않는다. 틈이 많은 나무 사이를 발길이 닿는 대로 걷는다. 숲을 관람하는데 정해진 규칙은 없다. 자연의 품 안에서 서두르지 않고 천천히 움직여 보자. 한량없이 느리게 걸으면, 걷는 행위에 집중하게 된다. 배 위에다 귀를 대고 물 흐르는 소리를 듣듯 나에게 집중해 볼 수 있는 기회다. 그리고 산란한 마음이 있거들랑 걸음마다 하나둘 버리는 연습을 해보자. 다시 무얼 채울 힘이 생긴다. 그렇게 걷기를 1시간 정도 하면 숲 구석구석을 다 봤다고 해도 무방하다. 살짝 땀이 배면 군데군데 있는 벤치에서 쉬어가자. 휴면기를 가지는 식물이나 겨울잠을 자는 동물처럼 사람도 쉬어야 다시 나아갈 힘이 생기니까.

더 오래 •

　벌영리 메타세쿼이아 숲을 찾은 사람들은 보통 숲속에만 머물다 간다. 야트막한 야산 꼭대기 두 군데에 숨겨 놓은 전망대는 놓치는 이가 많다. 아깝다 싶다가도 사람들이 잘 안 찾으니 한적해서 좋다며 나만 찾곤 했다.

　주차장에서 멀지 않은 곳에 야산으로 가는 계단이 있다. 양쪽으로 편백나무가 줄지어 있어 쉽게 눈에 띄진 않는다. 전망대까지 200m쯤이라 품을 많이 들이지 않는다. 장상국 씨가 얼기설기 짜놓은 덱에 서면 영해평야 너머 대진리 해변, 동해 앞바다가 아른댄다. 숲에 있으면 바다가 그립고 바다에 있으면 숲을 보고 싶어하는 사람이라면 좋아할 장소다. 인적이 드물어서 바람 빠진 풍선처럼 웃어도 민망할 일 없다. 성가신 참견이나 괜한 방해를 받지 않고 사유하기에 완벽하다. 산 아래로 내려가지 않고 능선을 따라가면 다른 전망대에 도착한다. 메타세쿼이아 숲과는 400m쯤 떨어져 있다. 야산을 한 바퀴 돌아내려 오는 동선이다.

더 깊게 •

　　벌영리 메타세쿼이아 숲은 영덕 영해면에 있다. 영해면 버스터미널에서 서대실 천을 따라 2.2km 정도 거리다. 대중교통으로 오기 어려워 자차로 오는 게 좋다. 숲 입구 공터에 주차장이 넓게 있다. 영해면 숙소에서 빌려주는 자전거를 타면 10분 내 외로 도착할 수 있다.

　　숲을 둘러보고 나오는 길에 자꾸 뒤를 돌아보게 된다. 이 정도의 숲을 무료로 즐 겼다는 게 어쩐지 미안하고 고마워서다. 뭐라도 돈을 주고 살 게 있으면 좋으련만 그 런 것도 없다. 주인은 정부나 지자체의 지원도 사양했다고 들었다. 내가 다 불안하다. 이웃에게 쉴 공간을 내어준 넉넉한 마음에 대한 보답이라도 받아야 유지하는 데도 도움이 될 것 같은데 다 마다하니 말이다. 대신 주인의 바람은 단 하나. 쓰레기 하 나 남기지 말고 깨끗이 보고 가시라. 혼자 치우는 게 쉽지 않다고 말이다. 당연하다. 사유지를 흔쾌히 내어주었으니 고마운 마음만 남기고 흔적 없이 둘러보고 오자.

#19

영양
반딧불이천문대

・

내가 사는 곳은
알고 보면 참 연약한 세계
좀 더 소중히 다루어져야 할 존재인
지구별입니다

—

#지구에소속감이들었습니다 #환경보호대상밤하늘
#밤하늘을지켜요 #출동지구방위대

・ 반딧불이천문대 ・

경북 영양 수비면 반딧불이로 129
054-680-5332

the ORANGE •

코로나바이러스감염증-19보다 먼저 우리에게 닥쳤던 재앙은 미세먼지였다. 그때 우린 밤하늘을 통째로 잃었다. 도시에서 드문드문 보이던 별은 빛을 감췄다. 환경 보호를 위해 분리수거를 하고, 쓰레기는 줍고, 당장 해야 할 일이 생각났지만, 공기는 당장 어떻게 해야 할지 판단이 서질 않았다. 전문가들은 나무를 심으라고 했지만, 지구를 살리는 속도보다 해치는 속도가 월등하게 빨랐다. 먹먹한 하늘을 올려보다가 책으로 시선을 돌렸다. 표지에 무수한 별이 새겨진 칼 세이건(Carl Sagan)의 『코스모스(Cosmos)』(사이언스북스, 2010)라는 책이었다. 64억km 밖에서 찍은 '창백한 푸른 점'에서 사는 우리와 우주에 관한 이야기였다.

책의 한 대목을 소리 내어 읽었다. "우리의 지능과 기술이 기후와 같은 자연 현상에도 영향을 미치는 힘을 부여한 것이다. 이 힘을 어떻게 사용할 것인가? 인류의 미래에 영향을 줄 수 있는 문제들에 대하여 무지와 자기만족과 만행을 계속 묵인할 것인가. 지구의 전체적인 번영보다 단기적이고 국지적인 이득을 중요시할 것인가. 아니면 우리의 자녀와 손자 손녀를 위한 걱정과 함께 미묘하고 복잡하게 작용하는 생명 유지의 전 지구적 메커니즘을 올바로 이해하고 보호하기 위해서 좀 더 긴 안목을 가져야 할 것인가."

나는 내 아이를 위해 좀 더 긴 안목을 가지기로 결심했다. '좋든 싫든, 현재로선 우리가 머물 곳은 지구뿐'이니까. 가장 먼저 안 쓰는 불은 끄기로 했다. 아이가 화장실에서 나올 때 불을 끄지 않으면 함께 지구를 지키자며 동참을 독려했다. 매년 3월 마지막 토요일에 열리는 '어스 아워(Earth Hour)'에도 적극 참여했다. 1년에 단 하루, 저녁 8시 30분부터 9시 30분까지 불을 끄는 행사다. 어느 날 아이가 물었다. "엄마, 우리가 지구를 얼마나 지켰어?" 나는 어떻게 설명할까 하다가 경북 영양으로 별을 찾아 떠났다.

영양은 흔히 말하는 오지다. 오지게 멀다고 해서 오지인 건지 구불구불한 산길을 파고 또 파고들었다. 몸은 고단했지만 안심했다. 이 정도로 깊이 있으면 청정지역이겠지, 하는 마음에서였다. 아닌 게 아니라 영양 수비면 수하리 일대는 2015년 국제 밤하늘협회(International Dark sky Association)에서 국제 밤하늘 보호공원으로 지정한 곳이다. 인공조명이 없는 밤하늘일수록 높은 등급을 받는데 영양의 밤하늘은 두 번째 등급인 실버를 받았다. 세계에서 6번째이자 아시아에선 처음 받은 등급이다. 고속도로에서 국도, 다시 지방도로로 넘어가는 동안 불빛도 함께 사라졌다. 수비면에 도착하자 외진 산간에 가로등도 드물었다. 엉금엉금 차를 몰아 영양 반딧불이천문대에 도착했다. 주차장은 넓고 깜깜했다. 주차장부터 천문대까지 휴대전화 불빛에 의지해 발로 더듬으며 걸었다. 뒤따라오던 아이가 "와!" 탄성을 질렀다. 동고산 (1,065m)과 일월산(1,217m) 뒤로 별빛이 내리고 있었다. 손때 묻지 않은 환경과 그 속에서 본연의 모습을 드러낸 만물이 우주라는 이름으로 교집합이 된 듯했다. 이 낭만을 어떻게 설명해야 할까. 지구가 만든 경이로운 풍경에 보탤 말이 없었다. 발을 동동 구르다가 그냥 아이와 같이 환호하며 좋아하기로 했다.

국자 모양으로 생긴 북두칠성을 찾고 나니 아는 별자리가 없었다. 무수한 별 중에 이을 수 있는 별이 하나밖에 없다니 무안했다. 좀 더 알았으면 좋겠다는 생각으로 천문대로 향했다. 입구에는 들어가지 못하고 서성대는 방문객이 있었다. 그도 그럴 것이 천문대 건물의 불은 꺼져있고 실내에서 실낱같은 불빛만 흘러나왔기 때문이다. 불을 의도적으로 아끼는지 몰랐다면 발길을 돌렸을 거다. 8m 원형 돔인 천체투영실에서 계절별 별자리 이야기를 들으니 다시 밤하늘이 보고 싶어졌다. 야간에는 주관측실에 있는 600mm 반사망원경으로 달과 성운, 성단을 볼 수 있다. 보조관측실에 있는 망원경 4대로는 천문 해설사의 설명을 들으며 해와 달, 별을 관측할수 있다. 천체 망원경으로 별을 가까이 보는 경험도 소중하지만, 맨눈으로 별과 하늘을 보고 싶어 다시 밖으로 나왔다. 적당한 공터에 돗자리를 깔고 누웠다. 바닥에서는 흙냄새가 나고, 수하계곡에서는 냇물 소리가 우렁차게 들려왔다. 하늘에 별이모여 만든 은하수가 뚜렷하게 보이자 나는 아이 손을 꼭 잡았다. 그 순간 우리는 우주 속 '창백한 푸른 점'에 사는 작은 생명체가 되어 자연에 온전히 녹아들었다.

더 깊게 •

　영양 반딧불이천문대는 낮(13:00~18:00)에 태양의 흑점과 홍염을, 밤 (19:30~22:00)에는 달과 성운, 성단을 관측할 수 있다. 기상 상황이 좋지 않을 때는 관측기를 관찰하는 시간을 갖는다. 영양군 생태공원사업소 홈페이지에서는 천문대를 비롯한 영양군내 공원과 시설 정보를 확인할 수 있다. 또한 홈페이지 내 영양국제 밤하늘보호공원 정보에는 별을 관측하기 좋은 날짜와 시간을 알려주는 '별빛 예보'를 한다. 당일부터 3일간의 별빛 관측 상황을 예보하니 여행 계획을 세울 때 참고하기 좋다. 천문대 옆 건물은 별생태체험관이다. 밤하늘에 대한 호기심을 충족시켜 줄 애니메이션과 화성 표면 걷기 같은 체험은 아이와 함께 온 가족에게 인기다. 빛공해 체험관은 밤하늘 오염의 심각성을 깨닫게 한다. 천문대 이름에 쓰일 만큼 반딧불이로 유명한 곳이 영양이다. 반딧불이 서식지인 수하계곡이 천문대 바로 옆이다. 여름 밤에 이곳을 찾는다면 숲속에 반짝이며 뜨는 반딧불이 별도 볼 수 있다.

#20

인천
북성포구

•

저녁노을이 밤을 초연하게 맞이하듯
어쩌면 사라질지 모를 포구
남은 동안 안식처였다가
기억 속에 남을 이름

—

#무분별한매립이만든 #독특한십자포구 #생경한저녁노을맛집
#오늘하루와이별하기좋은곳

• 북성포구 •

인천 중구 북성포길 49

the ORANGE •

북성포구는 한때 만선 깃발을 단 배가 힘차게 뱃고동을 울리며 귀환했던 안식처다. 동시에 공장 굴뚝으로 끊임없이 연기가 피어오르던 산업 단지다. 이곳에서 젊음을 불태웠던 어르신들에겐 주머니가 두둑했던 호시절을 추억하며 빙그레 미소 짓게 하는 자랑스러운 장소다. 더불어 여행자에게도 찾을 이유가 분명한 포구다. 비록 이름난 관광지는 아니더라도 세월의 흔적이 역력한 고색창연한 어선, 여전히 흰 연기를 뿜어내며 바삐 가동되는 공장, 낙조가 아름답게 드리우는 풍경이 한꺼번에 전개되는 곳이기 때문이다. 썰물로 드러난 개펄과 갯골은 바다가 출렁이던 자리를 모세혈관처럼 수놓는다. 그런 갯골에 미처 빠져나가지 못한 바닷물이 고여 있다. 밀물이면 어선을 포구로 이끄는 길이 된다. 골이 좁아 차례로 줄 서서 들어오는 어선들이 엄마 오리를 종종 따르는 새끼 오리 같아서 까르륵 웃음이 난다.

북성포구는 1883년 인천개항과 함께 문을 열었다. 이후 근대화 과정에서 물류 항구인 인천과 더불어 이 지역을 대표하는 어항(漁港)으로 명성을 이어왔다. 그러나 연안부두와 소래포구가 발달하면서 고작 고깃배 10여 척만 오갈 정도로 쇠락했다. 몇 해 전부터 인천시청에서 매립을 하느니 마느니 입씨름하는 통에 곧 사라질 여행지가 될지도 모를 일이었다. 일부 구간이 매립되긴 했지만, 여전히 건재한 포구를 보니 내가 너무 일찍 이별을 결정했나 머쓱해진다. 포구를 보낼 생각이 없는 몇몇 오래된 횟집과 노점 주인들도 나와 같은 마음일 테다. 문득 구름이 어여쁜 날이면 이곳의 안부가 궁금해진다. 북성포구의 낙조는 잃기 싫은 풍경이다.

북성포구에서 수평선까지 내달리는 광활한 갯벌은 볼 수 없다. 갯벌 너머 공장 터와 야적장이 시선을 가리기 때문이다. 열 십(十)자 모양인 갯벌에서 바닷길은 오직 하나, 경기만(灣)과 통한다. 다른 바닷길은 죄다 막혔다. 고도 성장기였던 1970년대에 가열차게 진행된 산업 근대화 자취라면 자취다. 그땐 개발이 미덕이었고 수출이 우선순위였다. 공장이 필요하면 개펄도 바다도 개의치 않았다. 필요할 때마다 매립해 새로 지었다. 북성포구의 독특한 형태는 그 소산이다.

목재공장과 정유공장의 거대한 철골 구조물 뒤로 해가 걸려있다. 광목천에 홍화 꽃잎을 문지른 듯 붉은 빛깔로 곱게 물든 하늘 탓인가. 공장에서 뿜어져 나오는 거친 연기는 애니메이션 〈하울의 움직이는 성〉(2004)처럼 보인다. 반면 갯벌 웅덩이에 고인 햇빛들을 보자니 기형도의 시「노을」(『길 위에서 중얼거리다』

문학과지성사, 2019)이 떠오른다. "하루 종일 지친 몸으로만 떠돌다가/ 땅에 떨어져 죽지 못한/ 햇빛들은 줄지어 어디로 가는 걸까/ 웅성웅성 가장 근심스런 색깔로 서행하며/ 이미 어둠이 깔리는 소각장으로 몰려들어/ 몇 점 폐휴지로 타들어가는 오후 6시의 참혹한 형량" 시인이 애달파한 저녁노을은 북성포구에선 외롭고 쓸쓸하지 않아 보였다. 성실하게 하루를 보낸 해가 머무르고픈 집에 닿은 듯 오래도록 친애하는 풍경이 되었다. 산업화로 힘차게 달려온 공장과 늙어버린 노동자의 주름 같은 갯골, 서해로 흘러가는 해까지, 흔히 볼 수 없는 생경한 낙조다. 해가 지는 순간에 북성포구로 가면 저마다의 속도와 방식으로 저녁노을을 감상할 수 있다.

더 오래 •

    대한제분 해안창고와 포구 사이 좁은 골목에 임시로 만든 선상 건물이 있다. 갯벌에 철골을 세우고 판자로 만든 가게는 내몰릴 위기에 있는 현재 상황처럼 위태롭다. 십수 년 비바람도 버틴 임시 건물이지만, 간척 사업으로 인해 물러날 준비를 하고 있다. 횟집에 앉아 오마카세(おまかせ, 주방장 특선)를 모방한 일명 '할매카세'를 먹고 있으면 창밖으로 밀물과 함께 어선이 지나가는 풍경이 신선했는데 지금은 갯벌 너머 멈추지 않는 '공장 뷰' 바닷가 횟집이 됐다. 그래도 은밀한 뒷골목과 차가운 공장지대가 어우러져 누아르(noir, 암흑가를 다룬 영화)의 한 장면 같다. 실제로 영화 〈다만 악에서 구하소서〉(2020)가 촬영되기도 했다.

    횟집을 나오는 길에 썰물로 맨얼굴을 드러낸 갯벌을 보며 소설 『괭이부리말 아이들』(창작과비평사, 2007)이 떠올랐다. 아이들이 게와 고둥을 잡고 조선소의 목수 아저씨가 준 톱밥으로 불놀이하는 '똥바다'의 배경이기도 하다. 한국 전쟁 후 피란민의 역사와 산업화 흔적도 북성포구에 남아있다. 환경보존과 개발은 늘 난제지만 포구에 닿는 모든 풍경이 사라지지 않길 바라본다.

더 깊게 •

　　인천 차이나타운 인근에 대한제분 공장이 있다. 인천상륙작전 당시 상륙했던 해안 세 곳(녹색, 적색, 청색 해변) 중 한 곳인 적색 해안 지점이다. 여기서 대한제분 공장 곁을 따라 가면 북성포구다. 포구로 들어서면 생선을 파는 노점이 나오고 이어 선상 횟집 골목이 나온다. 선상 어시장이 열릴 때만 해도 북적였는데 이제는 간간이 노점을 찾는 손님만 남았다. 배를 가진 선장 가족은 포구 한쪽에 노점을 차리고 생선을 팔았다. 간척으로 배를 댈 수 없는 북성포구 대신 근처 다른 포구에서 물건을 내려서 가져온다. 오전까지 팔지 못한 생선은 빨랫줄에 널어 해풍에 말린다. 늦은 오후에는 풍경을 촬영하는 사람들과 포구 앞 바다로 낚싯대를 던지는 이들이 분주하게 오간다. 물때에 따라 낚시를 즐기거나 저녁노을을 출사, 산책하기에 좋다. 물때는 국립해양조사원 홈페이지에서 '스마트 조석 예보'를 미리 확인한다.

#21

태안
천리포수목원

·

모두가 희망이라 하지 않았던 땅에
씨앗을 뿌리는 무모함으로
늦게 피는 꽃이 있듯
포기하지 않고 만들다 보면
어느새 생기는 자기만의 마음 근육

―

#한국으로귀화한미국인이 #여기다왜수목원을만들었죠?
#불가능에도전하는 #무한도전

• 천리포수목원 •

충남 태안 소원면 천리포1길 187
041-672-9982

the ORANGE •

인간이 직립 자세를 만드는 의학적 근간은 '럼버 커브 (Lumbar Curve)'에 있다고 한다. 요추를 말하는 럼버와 편안함을 위한 척추의 곡선, 커브를 합친 말이다. 이 척추는 엄마 뱃속에서 자연스레 만들어지는 것이 아니라 아기가 태어나 머리를 드는 숱한 행동의 과정들이 만들어 낸다고 한다. 내 아기가 몸을 뒤집기 위해 고사리 같은 손으로 세상을 들어 올리는 일련의 과정을 해내는 걸 보고 나는 감동했다. 아기가 포기하지 않고 끝내 뒤집기 한 판을 이뤄냈을 때는 아주 장했다. 이후로 각고의 노력으로 움트는 만물 대부분에 나는 마음이 움직였다. 잎이 자주 나지 않는 여인초(旅人蕉)에 고깔처럼 말린 햇잎이 나면 기특했다.

내가 태안 천리포수목원을 찾은 이유도 같다. 한 개인이 한국형 사막에서 수목원을 만들었다는 게 대단하고 고마워서다. 태안은 서해로 길게 뻗은 형태로 해안사구가 많다. 모래가 곱고 넓게 분포되어 있어 한국에서 볼 수 있는 사막 같은 여행지로 알려져 있다. 수목원은 꿈도 못 꿀 만큼 풀 한 포기가 아쉬운 척박한 땅이었다. 특히 당시 천리포는 더는 갈 수 없는 막힌 골짜기라는 뜻의 '막골'이라 불렸을 정도다. 우리나라로 귀화한 미국인 故 민병갈 설립자는 1962년 딸 시집 밑천을 구하던 노인에게서 자신의 주머니를 털어 이 땅을 샀다. 현재 65,623㎡(약 20,000평) 규모의 밀러가든이 천리포수목원의 시작이었다. 1970년대 기록 사진을 보면 사기가 아니고서는 사지 않을 만큼 황폐한 땅이었다. 더욱이 바다 바로 옆 수목원이라니. 바닷가 땅에 염분이 많고 바람도 거칠어 식물이 자라기 어렵다는 건 전문가가 아니어도 알 수 있다. 어쩌면 전공자가 아니기에 할 수 있는 무모하지만 강단 있는 도전이었을 지도 모른다. 수목원은 사구였을 야트막한 구릉 넘어에 만들어졌다. 현재의 구릉에는 소나뭇과의 곰솔이 방풍림처럼 줄지어 자란다. 수목원 조성의 첫 번째 숙제는 물이었다. 식물에 바닷물을 줄 수 없으니 언덕 아래 크고 작은 연못을 만들었다. 이제 황무지에서 자라줄 의지 있는 식물들을 데려올 차례였다. 원장은 식물도감을 달달 외우며 전국을 돌아다녔다. 그렇게 찾아 헤매던 중, 원장은 1978년에 완도에서 우리나라 최초로 나무 하나를 발견했다. 완도에서 발견된 호랑가시나무 종류라는 뜻인 '완도호랑가시'다. 식물은 씨앗이나 묘목 상태로 옮겨와 무럭무럭 자랐다. 완도호랑가시는 물론 목련도 잘 움터줬다. 원장은 "나는 호랑가시나무와 결혼해 목련을 낳았지"라고 할 만큼 두 나무를 많이 아꼈다. 목련은 현재 8백40 분류군을 보유할 정도로 종이 다양하다. 이른 봄이면 전국에 피는 봄꽃을 마다하고 목련을 보기 위해 수목원을 찾는 사람이 많다. 목련 외에도 1만 6천여 종의 식물이 터를 잡고 살아간다. 한번 심어지면 생을 다해도 기록을 남겨 관리한다. 수목원이 생긴 1972년부터 식물의 이름과 기온, 강수, 현황 등을 기록했다. 자료는 민병갈 식물도서관 보존서고에 있다. 2021년 문을 연 에코힐링센터 1층이다. 열람서고는 자유롭게 이용할 수 있으나 보존서고는 예약해야 들어갈 수 있다.

더 오래 •

　2000년에 아시아 최초로 국제수목학회를 열었고 2년 뒤 민병갈 원장이 영면한 뒤에는 밀러가든에 추모 공원을 만들었다. 자유분방한 식재 방식을 추구하는 수목원에서 유일하게 줄 맞춰 정돈된 공간이다. 민병갈 원장은 생전에 "나무에게 주인행세를 하지 않기에 나무가 행복하고, 나무가 행복하기에 더불어 인간이 행복한 수목원"을 지향하며 가꿨다. 식물 입장을 우선순위로 둔 그의 철학을 곱씹으며 다시 보니 삐뚤게 난 잎도 예쁘기만 하다. 국립수목원의 한 연구원은 숲은 나무들의 전쟁터라고 말했다. 씨가 박힌 자리에 잎을 틔워 뿌리 깊은 나무가 될 때까지 소리 없는 아우성이 일어난다. 옆 나무가 그늘을 만들면 더 빨리 위로 자라거나 옆으로 가지를 뻗어 살 궁리를 찾는다. 옆 나무의 가지를 피하려고 자신의 가지를 회오리처럼 돌려서 방어하거나 소나무처럼 적군에게 송진으로 공격하기도 한다. 울창한 숲은 치열한 전투로 만들어진다. 나무들의 전쟁 같은 생존 노고를 생각하면 예쁘다는 이유로, 취향이라는 구실로 인간이 개입해선 안 된다. 그건 반칙이니까.

더 깊게 •

　　수목원 규모는 589,429㎡(약 18만 평)인데 그중 9분의 1쯤만 공개하고 있다.
정문에서 솔바람 길을 따라 걸으면 큰연못정원이 나온다. 수면 위로 가지를 뻗은 낙
우송이 가지각색의 모습으로 자란다. 여름이면 연꽃이 화사하게 피어난다. 연못 너
머에는 설립자 민병갈 기념관과 카페가 나란히 있다. 여기부터 지그재그 발길이 닿
는 데로 관람하면 된다. 한쪽으로 멸종위기식물전시원이 있고 맞은편 길은 바닷가
로 이어진다. 작약과 비비추, 노루오줌과 억새처럼 계절에 따라 자라는 식생 정원, 어
린이정원, 습지원 등 27개 주제 정원이 펼쳐진다. 수목원과 맞닿아 있는 해변에 서
면 작은 섬 하나가 보인다. 수목원에서는 이 섬을 낭새섬이라 부른다. 낭새는 낭떠러
지에 집을 짓고 사는 바다직박구리를 말한다. 오래 전 이 섬에 살았던 바다직박구리
가 다시 돌아오길 바라는 민병갈 원장의 마음이 담겼다. 정원 곳곳에 있는 한옥은 한
국문화를 사랑한 민병갈 원장이 전국에서 마음에 드는 한옥을 분리해서 가져와 다
시 지은 집이다. 숙박시설인 가든스테이로 운영하며 홈페이지에서 예약할 수 있다.
그중 해송집은 언덕 위에 자리해 실내에서 수목원과 바다가 한눈에 보인다.

#22

화성
매향리 평화마을

•

아픔을 넘어 희망을 이야기할 때
상처가 아물고
다시 일어서겠다는 믿음을 가질 때
미래로 나아가는 모두의 한 걸음

―

#6·25전쟁때있었던일아니고 #21세기에있다는 #믿을수없는이야기
#우리에게아직도평화가오지않았다

경기 화성 우정읍 기아자동차로 199

the ORANGE •

"쉬이이익!"

마을에 들어선 지 얼마 되지 않아 전투기가 머리 위로 날아갔다. 경기 화성시 매향리 앞바다에 있는 농섬으로 가는 건 아닌지 시선이 쫓아간다. 농섬이라 불리는 룡도는 6·25전쟁이 한창이던 1951년부터 휴전된 지 한참이나 흐른 2005년까지 미 공군 사격 훈련 과녁이었다. 당시 주한 미군은 농섬을 사격장 쿠니(koonni)라 불렀다. 매향리 옛 이름 고온리(Ko-On-Ri)를 스펠링대로 잘못 부른 것이었다. 예부터 마을 사람들 인심도, 기후도 따뜻하다고 해서 이름 지어진 고온리(古溫里)는 미군의 화포로 점점 뜨겁게 불타올랐다.

매향리 평화마을은 전쟁과 국가폭력의 피해가 그대로 남아 있는 아픔의 현장이다. 공군기는 마을을 가로질러 1.6km 떨어진 농섬과 곡섬을 해상 표적으로 삼고 포탄을 쏘아댔다. 주한 미 공군의 사격훈련장으로 아시아 지역에 주둔한 미군 모두 이곳에 포탄을 던졌다. 휴전 후에도 마을 사람들은 그저 '포탄을 버리나 보다'하고 생각했다. 곧 끝날 줄 알았던 굉음은 하루 13시간 넘게, 1년에 250일 이상을, 54년 동안 계속되었다. 매일 10회 이상 20분씩 날아드는 날카로운 소음은 물론 오발 사고도 빈번했다. 밖으

로 나가 논을 매거나 밭일하기도 어려웠다. 여느 해안가 주민들과 다르게 갯벌에서 조개가 아닌 탄피를 주워 팔며 삶을 이어가기도 했다.

섬은 3분의 1 크기로 작아졌고 오폭과 불발탄 등의 사고로 12명이 사망했으며 32명이 스스로 목숨을 끊었다. 조종사의 선글라스 유무까지 확인할 수 있을 정도로 낮게 날아 공군기의 소음은 극에 달했다. 아이들도 비행기 소리만 듣고 기종을 맞힐 수 있었다. 마을 위에서 기관총을 쏘아대는 바람에 탄피가 슬레이트 지붕을 뚫고 떨어졌다. 밤에는 조명탄을 쏘는 통에 바람이 세게 부는 날이면 초가집 지붕에 불이 붙기도 했다.

주민들은 왜 반대하지 않았을까, 나는 궁금했다. 6·25전쟁 이후 유신 정권이 자리한 대한민국에서 일개 주민이 감히 나랏일에 어찌할 도리가 없었을 터였다. 살던 고향을 버리고 외지로 나갈 수 없는 경제 상황도 한몫했으리라. 소음이 우울증을 유발하고 우울은 결국 목숨을 스스로 내놓게 하는 결과로 이어지는 건 요즘에나 통하는 상식이다. 마을 사람들은 그렇게 견디는 중인지도 모른 채 꾸역꾸역 견디고 있었을 테다. 50여 년이나 지난 후에야 참는 게 능사는 아니라는 것을 깨닫게 되었다. 마을 사람들은 중요한 이야기를 다루기 시작했다. 참아 삼켰던 목소리를 정확한 곳에 내뱉었다. 2005년, 결국 마을 사람들의 힘으로 폭격장을 폐쇄했다. 마침내 고요를 되찾았다.

녹슨 폭탄이 쌓인 평화역사관이 마을 입구다. 1988년 소음 피해 문제를 해결하기 위해 투쟁본부로 사용되다가 2005년 6·25전쟁의 아픔을 알리기 위한 문화 예술 공간으로 재탄생됐다. 역사관 입구에 '위험한 폭발물이 있을 수 있으니 이상한 물건은 줍지도 제거하지도 말라'는 경고문이 그때 두려웠던 상황을 짐작하게 만든다. 당시 표적으로 사용된 자동차와 컨테이너는 빈틈을 찾기 어려울 정도로 구멍이 숭숭 뚫린 채다. 마당에는 매향리의 아픔을 형상화한 작품을 볼 수 있다. 상설 전시 중인 「매향리의 시간」(2007)은 수거된 포탄 파편으로 만든 작품이다. 푸줏간 고기처럼 폭탄 잔해를 갈고리에 꿰어 진열했다. 평화의 소녀라 불리는 벽화에는 US라고 적힌 폭탄 더미 위에 피어난 꽃에 물을 주는 소녀가 그려져 있다. 할퀴고 찢어진 미사일 사이로 꽃이 피고 풀이 자라는 것처럼 그래도 살아야 한다는 희망적인 메시지를 전한다. 마을에 유일한 매향교회는 사람들의 희망이자 휴식처였다. 예배 시간이면 훈련을 멈췄기 때문이다. 사람들은 이곳에 모여 이야기하고 남녀가 눈이 맞아 결혼도 했다. 지난한 고통과 시련 속에서도 매향리 주민들은 꽃처럼 미래를 꿈꿨다.

185

더 오래 •

　매향리의 전쟁은 끝났을까? 아니다. 2006년 매향리 토양 오염도 조사에서 고
농도의 중금속이 다량 검출됐다. 납은 전국 평균보다 최고 923배나 높고 구리는 9
배, 카드뮴은 23.1배나 많이 나왔다. 마을과 갯벌에 떨어진 포탄 때문이다. 환경정
화사업을 벌이고 있지만 매향리는 아직도 스러진 생태를 되살리기 위한 전쟁 중이
다. 매화가 많이 피어 향이 곱다는 매향리(梅香里)에 7만여 그루 매화나무가 심어
졌고, 미 공군 사격장이 있던 농섬 주변 갯벌은 생태공원으로 탈바꿈했다. 당시 미
군 부대시설에 있던 관제탑 주변은 그대로 남겨두어 과거의 긴장감을 생생히 전한
다. 붉은 벽돌 건물은 매향리 평화기념관이다. 콘크리트 전망대는 주위에 비해 매
우 높다. 전투기가 낮게 날아 교회에 종탑도 올리지 못했던 지난날과 다르다는 걸
여실히 보여주고 싶은 걸까. 고통의 시간 위로 새로운 기억이 쌓인다. 누구든 꼭대
기에 올라 평화의 희망 소리를 멀리까지 전해주어 앞으로는 부디 무탈하기를 소원
한다.

더 깊게 •

　　매향리 평화마을 관람은 평화역사관에서 시작된다. 마을의 평화를 되찾기 시작
했을 때부터 아픔을 기억하고 일상을 되찾기 위해 역사관을 짓고 전시를 열었다. 세
월이 지나면서 기억은 마모되고 관심은 줄어들었다. 활발했던 실내 전시는 문을 닫
았고 그나마 야외 전시 작품이 남아 마을의 과거를 기억한다. 대신 차로 3분 거리에
매향리 평화생태공원이 2021년에 문을 열었다. 6 25전쟁과 분단의 아픔을 기억하
기 위해 한반도 모양의 정원을 만들고 매향 정자도 두었다. 야트막한 둔덕 위 평화의
소녀상이 농섬을 바라보고 서 있다. 어딘가 아직 끝나지 않은 전쟁을 원망하듯 눈매
가 서글프다.

#23

고성(강원)
바우지움조각미술관

·

다듬어지지 않아도 좋아
단단하고 투박한 돌덩이만이
만들 수 있는
아름다움이 있으니

——

#바위의재발견 #설악산에이런곳이 #자연과예술을한번에
#아메리카노무료 #나는야문화인

• 바우지움조각미술관 •

강원 고성 토성면 원암온천3길 37
033-632-6632

the ORANGE •

가족들은 아빠의 뒤를 이어 내가 약사가 되기를 원했다. 안타깝게도 난 그럴만한 능력이 없었고, 성향도 달랐다. 이성적 탐구 활동보다 감성을 따라 미적 경험을 쫓는 것을 좋아했다. 다행히 막냇동생이 아빠의 뒤를 잇게 되었다. 동생에게 고마운 마음과 함께 첫째로서 책임을 다하지 않았다는 무거운 마음이 마음 한편에 늘 따라다녔다. 약국 일은 나를 어릴 적부터 먹여 살렸지만, 내가 기여할 수 있는 건 없다고 생각했다.

엄마가 잠시 일을 쉬는 동안 온 가족이 함께하는 업무에 빈자리가 생겼다. 가족 모두가 분주히 움직이는데 나 혼자 지켜볼 순 없었다. 약사가 아닌 내가 할 수 있는 일은 없었다. 그래도 손에 잡히는 건 무엇이든 도움이 되고 싶었다. 그즈음 약국 블로그를 만들어 퇴근 후 밤마다 글을 쓰고 카드 뉴스도 만들면서 약국 홍보를 시작하였다. 이런 일들도 미약하게나마 가족들에게 도움이 될까? 자질구레한 능력이라고 여겼던 노력은 의외로 매출에 영향을 미치기 시작하였다. 가족을 사랑하는 마음으로 일에 정성을 다하니 가족뿐만 아니라 지역의 많은 사람이 찾는 채널로 자리매김하게 되었다.

사소한 것들이 모여 유의미한 가치를 만들어 갈 때 감동한다.

이 선 홍
사념(思念)
1978년작
브론즈(58x43x88cm)

아마도 나 스스로를 부족하고 유약하다고 생각하기 때문일지도 모르겠다. 겉보기엔 그저 우아하고 한없이 아름다운 바우지움조각미술관을 이루는 재료들이 근처 굴러다니는 사소한 바위나 돌 따위라는 사실을 알았을 때 마음이 더 끌렸다. 아무리 보잘것없고 사소해도 모두 쓰임과 역할이 있고 아름다움으로 승화될 수 있다는 걸 증명하고 있어서 그런가 보다.

바우지움조각미술관은 '돌'을 의미하는 강원도 사투리인 '바우'와 미술관을 의미하는 뮤지엄을 합쳐 만든 이름이다. 채소밭이었던 16,529㎡(약 5,000평)의 땅에 다듬어지지 않은 투박한 돌담이 드리워져 있다. 미술관이 터를 잡은 장소는 예로부터 바위가 많은 지역이었는데 동네에 널린 돌을 모아 만든 돌담이다. 미술관을 설계한 김인철 건축가는 구조와 기능을 중요하게 생각하는 건축가로 자연 그대로의 돌을 애써 다듬지 않은 채 무심히 드러내며 미술관을 설계하였다.

근현대 조각가들의 작품이 한데 모인 장소에는 매끈한 곡선으로 섬세하게 다듬어진 조각상들을 40여 점 볼 수 있다. 사람을 주제로 한 조각상에는 표정과 행동들이 구체적으로 드러나 있다. 투박한 돌이나 시멘트로 사람의 율동감이 어쩜 이렇게 잘 표현될 수 있을까 싶을 정도로 섬세하게 표현하고 있다. 근현대 조각상이 있는 공간은 통유리창으로 이뤄져 있다. 자연스럽게 야외 조각미술관과 설악산 자락을 함께 감상할 수 있다.

　근현대 조각미술관을 지나 밖으로 나오면 거대한 야외 미술관이 이어진다. 거대한 정원 위에 꽃과 나무, 광활한 초원이 조각과 한데 어우러져 특별한 멋을 만든다. 조각 자체도 훌륭하지만 조경도 잘 꾸며져 있어 그 사이를 천천히 걷다 보면 온전한 휴식을 느낄 수 있다. 사람마다 취향이 다르니 휴식하는 방법도 제각각이다. 누군가는 그저 거닐고 누군가는 연신 사진을 찍는다. 걸으면서 복잡한 생각은 정리될 것이고 박제된 사진 이미지는 추억이 될 테다. 방법은 중요하지 않다. 어떤 방식으로든 미술관을 찾아오는 사람들에게 공간은 마음의 여유를 느낄 수 있도록 영감과 자극을 제공하고 있다.

　투박하고 거친 돌이 아름다운 경치가 되었듯이 투박한 일상과 거친 능력을 자꾸 다듬고 어루만지다 보면 내 삶도 하나의 조각품이 되지 않을까 생각해 본다. 건강을 되찾아 업무에 복귀하신 엄마는 종종 일상 사진을 내게 보낸다. 더 열심히 약국 콘텐츠를 만들라는 뜻이다. 나의 사소함이 엄마의 마음에 파동을 일으킨 것이다. 사소했던 나의 돌들이 가치를 인정받고 있다는 뿌듯함이 생긴다. 초라하지도 미약하지도 않다. 더 이상 그런 생각으로 나를 괴롭히지 않기로 한다. 나의 사소함은 하나씩 모여들어 하나의 가치가 될 것이다. 사소한 것들이 아름다울 수 있다는 것을 보고 싶을 때 바우지움조각미술관의 투박한 돌담길을 바라보아야겠다.

근현대 조각관과 미술관 관장 김영숙 조각가의 작품이 있는 조형관 작품들도 하나하나 멋지지만 감동의 여운을 조금 더 붙잡고 싶어 찾는 곳은 미술관 맞은편에 있는 카페 바우다. 미술관 입장료에 커피 한 잔 가격이 포함된다. 마시지 않으면 손해라는 생각에 걸음을 옮기지만 한가로운 공간 분위기에 이내 매료된다. 카페의 사면 외벽은 통유리 창으로 이뤄졌다. 여름이면 시원스레 창을 열어둔다. 창 너머 저마다의 이야기를 담은 조각들을 감상할 수 있다. 카페 직원은 공간만큼 멋지고 여유로운 미소로 친절히 안내한다. 직접 담근 레몬청이 특히 맛있다며 메뉴 하나하나 설명해 주고, 지나치기 쉬운 외부 포토 존도 슬쩍 알려준다. 음료가 담긴 잔 역시 하나의 조각품처럼 아름답다. 예술가가 만든 머그잔이라고 한다. 직원이 알려준 외부 포토 존에는 큰 호두나무가 있다. 나무 주변에는 율동감이 넘치는 독특한 의자를 포함한 조각품들이 전시되어 있다. 우람한 호두나무 그늘 아래 의자에 걸터앉으니 시원한 살랑바람이 지난다. 천천히 조각품과 카페 바우를 함께 바라보며 오랫동안 이곳만의 여유를 마음속에 담아본다.

더 깊게 •

　　카페테리아 옆에는 아트 스페이스가 있다. 아트 스페이스에서는 분기별로 한 번씩 기획 전시를 진행한다. 주로 저명한 조각가의 작품 전시를 한다. 실내 벽을 따라 긴 테이블 의자를 비치하고 있어 다리쉼 하며 전시를 감상할 수 있다. 공간 중앙 바닥에는 작은 인공 연못을 조성하였다. 연못 안에 살고 있는 수중 식물이 공간에 생명을 불어넣는다. 공간 천장에 통유리 창을 통과한 자연 빛이 연못 위로 은은하게 스민다. 아트 스페이스와 연결된 작은 공간에서는 작가들의 개성이 담긴 예술품을 판매한다. '카페 바우'에서 보았던 독특한 머그잔도 이곳에서 구매할 수 있다. 일상에서도 예술품을 감상할 수 있도록 빗, 목걸이, 머그잔과 같은 실용품이 눈에 띈다. 실용품이 예술을 만나는 순간, 아름다움과 평온함 같은 가치가 치환되어 다가온다. 그리 크지 않은 아트 스페이스 공간 안에 식물과 물, 햇살이 예술과 공존한다. 건물 외벽 노출 콘크리트의 차가운 느낌은 사라진다. 그대로 하나의 작품이다.

#24

김제
미즈노씨네 트리하우스

•

지브리 애니메이션의
한 장면이
내 눈 앞에 펼쳐지던 곳

가자
동심의 세계로

———

#동심에풍덩 #감성이출렁 #오니기리꿀맛
#애니메이션속으로

• 미즈노씨네 트리하우스 •

전북 김제 만경읍 대동1길 49-5
0507-1370-7744

the ORANGE •

  남편과 종종 어린 시절 이야기를 나눈다. 개울가에서 소나무 냄새를 맡으며 다슬기를 잡았던 순간이나 집 구석구석에서 동생과 숨바꼭질을 했던 추억은 고단한 일상 속 아련한 기쁨이 되어 준다. 특히 회사 일로 힘들 때나 각종 논문으로 스트레스를 받을 때면 어린 시절의 기억은 그대로 삶의 윤활유가 된다. 어릴 때의 추억을 주머니에 넣어두고 힘들 때마다 달콤한 사탕처럼 꺼내먹을 수 있다면 얼마나 좋으련마는 평범한 일상을 보내던 중 갑자기 어린 시절의 추억을 떠올리기란 쉽지 않다. 그럴 땐 억지로라도 나를 동심 속으로 데려간다.

  미즈노씨네 트리하우스는 어린 시절의 추억을 환기해 주는 대표적인 장소다. 김제의 비포장도로를 뚫고 가보면 동화 속에 나올 법한 통나무집들을 볼 수 있다. 땅 위에 있는 통나무집도 마냥 흥미로울 텐데 나무 위에 올려져 있다는 점이 더욱 재미있다. 마치 애니메이션 〈천공의 성 라퓨타〉(2004)의 한 장면 속 집을 바라보는 것 같다.

  어른, 아이 구분 없이 미즈노씨네 트리하우스에 오면 모두가 동심의 물결에 흠뻑 빠진다. 나무 위 통나무집은 보는 것만으로도 매력적이다. 더욱이 나무 사다리를 타고 올라갈 수 있으니 누

구나 그냥 지나치지 않는다. 다 큰 어른이 '트리하우스' 오두막에 올라가도 괜찮을까, 라는 고민은 할 필요 없다. 미즈노씨네 트리하우스에서는 모두가 자신만의 동심에 온전히 집중한다.

　나무 위 오두막에 올라간 사람들의 즐거운 표정을 보며 나 역시 용기를 내어 통나무 사다리에 몸을 올렸다. 투박한 통나무를 엮어 만든 사다리는 성큼성큼 오르는 재미가 있다. 모험 소설 속 주인공처럼 힘차게 한 계단, 두 계단을 오르다 보니 어느새 나무 위 트리하우스 방에 다다랐다. 내 옆에는 6살짜리 꼬마도 있고, 중년의 아주머니도 있었는데 모두 동심을 만끽하는 모습이다. 한동안 일상이 아무리 나를 괴롭혀도 걱정 없겠다. 아득한 추억보다 조금 더 가깝게 진짜 동심의 세계를 만끽했으니 말이다.

　나이가 들고, 사회생활을 하다 보면 내 마음을 투명하게 보여주기가 쉽지 않다. 싫어도 좋은 척, 좋아도 싫은 척, 상대방의 감정을 살피며 내 진짜 마음을 숨긴다. 그런 일상을 반복하다 보면 내가 무엇을 좋아했는지, 지금 어떤 감정인지 떠오르지 않는다. 마음은 삭막해진다. 그렇게 건조한 어른이 되어가는 나를 발견하고 흠칫 놀라는 그런 날이 있다. 미즈노씨네 트리하우스, 나무 위 오두막에 올라야 하는 날이다. 다락방 동심의 세계 속에 쪼그리고 앉아 평온한 눈길로 세상을 바라봐야 하는 때다.

오두막 맞은편에는 일본인 미즈노 씨의 생활 터전인 '홈 카페'가 있다. 한국에 정착하며 70년 된 가옥을 구매해 직접 수리하며 거주했던 곳이다. 한때의 생활 터전이었던 홈 카페에서 한적하게 다과를 즐길 수 있다. 실내 장식장 위에는 미즈노 씨 가족사진과 추억이 담긴 인형, 교복, 오래된 책자 등 손때 묻은 소품들이 엿보인다. 친구 집에 놀러 가 친구가 정성스레 모아둔 장식품을 구경하는 느낌이다. 더 이상 작아져서 입지 못하는 옷가지, 15년 전 사용했던 필기도구 등 가족의 지난 시간이 고스란히 담긴 소품들은 이제 카페를 찾는 이들에게 또 다른 추억이 된다. 70년 된 건물을 손수 고친 흔적이 지난 시간과 함께 곳곳에 쌓여있다.

메뉴 중 이색적인 건 '야끼 오니기리'이다. 김제에서 재배한 쌀로 지은 밥을 구운 김 위에 올려놓고 노릇노릇하게 한 번 더 구워낸 일본식 주먹밥이다. 식사를 주문하면 나뭇가지로 직접 만든 투박한 쟁반 위에 오니기리를 올려 낸다. 오두막에서 실컷 놀고 와서 오니기리 한 점을 물어 먹으니 구옥 특유의 포근한 감성과 어우러져 온몸이 포근해진다.

조금 더 오래 동심으로 머물고 싶다면 트리하우스 숙박도 좋겠다. 홈 카페 전체를 대관하는 것이기 때문에 동심의 공간에서 자신의 목소리와 감정을 따라 공간을 천천히 탐색할 수 있다. 어린 시절의 시골 할머니 집에 온 것처럼 마당에서 고기를 구워 먹거나 내 집 거실인 양 홈 카페에서 영화도 볼 수 있다. 숙박하는 사람들에 한해 주방을 자유롭게 사용할 수 있어 카페용 식재료를 구경하는 것도 신나는 일이다. 가옥에는 조명이 무척 많은 편인데 소등을 할 때면 집안 곳곳을 누비면서 조명 버튼을 찾는 것 역시 게임을 하는 것만 같다.

더 깊게 •

　　홈 카페의 툇마루는 외부로 넓게 확장해 주변 경관을 편히 즐길 수 있도록 만들었다. 툇마루 근처에 있는 화장실은 의외로 아름다운 공간이다. 나무틀 유리창을 통해 햇볕이 은은하게 들어와 실내가 밝다. 화장실 안에는 일본어 잡지가 비치되어 있고, 이곳을 다녀간 초등학생들이 미즈노 씨에게 보낸 편지도 전시하고 있다. 화장실인 것을 잊을 만큼 구경하는 재미가 있다.

　　홈 카페를 나서 오두막으로 향하는 길목에 미즈노 씨의 작업 공간이 보인다. 통나무가 가득 쌓여있고 톱과 사포가 책상 한편에 있는 것을 보니 요즘도 무언가를 작업하나 보다. 손님들도 원한다면 목공 체험을 해볼 수 있다. 오두막 옆에는 평일에만 운영하는 하늘 카페가 있다. 홈 카페나 오두막에 비해 시스템도, 외관도 현대적이다. 퍼즐, 브로마이드, 책 등 여러 잡화를 무인점포 시스템으로 판매한다. 하늘 카페 2층에 올라가면 너른 평야와 함께 아름드리나무 위 오두막을 함께 바라볼 수 있다.

#25

남원
남원시립김병종미술관

•

열정은 단순해지는 것
열정이 담긴 공간과 작품은
나를 늘 어디론가 데려간다

여행을 왔지만
다시 여행이 시작되는 곳

———

#동양화의재발견 #사람냄새나는예술 #색채의마법사
#마음을흔든예술혼

• 남원시립김병종미술관 •

전북 남원 함파우길 65-14
063-620-5660

the ORANGE •

여행 콘텐츠를 만들면서 외부 기관에서 강의할 일이 제법 생기게 됐다. 매주 금요일 저녁이 되면 어떻게 여행 콘텐츠를 만드는지 경험담을 공유했다. 다분히 개인적인 방식과 경험이라 이런 것까지 공개해도 되나, 싶을 정도로 사소한 이야기도 많지만 참석하는 분들의 궁금증을 조금이라도 풀어주기 위해 아는 범위 내에서 솔직하게 전달하려고 노력한다. 가이드북을 만들기 위해서 하루에 대략 1,000장 정도의 사진을 촬영하고, 무료한 이동시간에 생각을 메모하거나 내용을 정리한다는 이야기를 전하기도 한다. 나만의 취재 과정들을 일반화할 수 없는데 얘기해도 될까, 싶은 걱정이 때로 앞선다. 그렇지만 솔직한 경험을 전달하겠다는 다짐은 앞선 걱정을 잊게 한다. 한 번은 이런 질문을 받았다.

"그렇게 여행 다니면서 사진 촬영과 기록을 계속하려면, 여행의 진정한 즐거움은 못 느끼지 않나요?"

질문을 받고 뭐라고 대답해야 할지 난감했다. 솔직한 심정이야, 여행을 하는 건지 노동을 하는 건지 가끔 나조차 의문이 들 때가 있다. 한동안 뜸을 들이다 생각을 정리해 대답하였다.

"여행에도 많은 종류의 여행이 있다고 생각해요. 제 여행은 사진 촬영과 기록을 통해 많이 채우고, 배우는 여행인 것 같아요."

　대답은 했지만 집으로 오는 내내 아리송한 생각은 머릿속에서 떠나지 않았다. 나의 여행은 계속 채우기만 하는 것은 아닐까? 남원 역시 하나라도 더 취재하기 위해 떠난 여행이었다. 춘향전의 배경이 된 무대, 남원의 맛집, 카페들을 부지런히 돌아다니며 남원의 모든 정보를 '채우기' 위해 노력했다. 남원의 간판 관광지인 광한루까지 취재를 마치고 서울로 올라가려다, 시간이 남아 취재 대상에 없던 '남원시립김병종미술관'을 찾아가게 되었다.

　광한루에서 제법 떨어진 위치에 미술관이 있어 '찾아오는 사람이 있을까?' 싶었지만 그런 우려는 무색하게 미술관 안은 복작

였다. 많은 사람에게 사랑받는 미술관임이 틀림없었다. 첫 느낌은 우아하고 단정했다. 건물은 '직선'으로 이뤄졌지만 공간에 리듬감이 느껴진다. 무엇보다 자연과 어우러진 공간은 시간의 변화에 따라 다양하게 해석할 수 있는 여지가 보였다. 번잡하지 않고 고고한 분위기다.

　미술 전시는 대부분 남원 출신의 김병종 화백의 기증 작품으로 이루어진다. 작가의 대표작과 함께 『화첩 기행 1~5』(문학동네, 2014)에 나온 작품 수백 점을 모아 전시한다. 미술관에는 미술 작품뿐 아니라 자연도 감상할 수 있는 휴식 공간을 곳곳에 마련하고 있다. 통유리 창 너머로 자연 풍경이 조용히 펼쳐진다. 의자에 앉아 천천히 바라본다. 티끌 하나 없이 파란 하늘, 흰 구름이 뭉게뭉게 떠 있는, 그야말로 그림 같은 풍경이다. 시선을 멀리 넓게 던져보니 초록색 구릉과 늠름한 소나무들이 눈길을 사로잡는다. 남원의 자연이 커다란 화폭으로 그려져 마음에 위안을 준다.

남원은 〈춘향전〉(작자, 연도 미상)의 모태가 되는 도시이다. 〈춘향전〉은 우리나라의 대표 고전 문학이다. 시대를 초월해 사랑받는 작품은 시대를 관통하는 화두를 던져준다. 내가 사랑하는 공간들에는 공간과 시간을 관통하는 사유의 틈이 있다. 채우고 채운 것들 사이의 틈이다. 남원시립김병종미술관에서 다시 채우며 사유의 틈을 발견한다. 미술관이라는 공간의 기능은 충실하게 지키면서, 미술관 사위의 자연이 공간 속으로 스며들어 생각의 틈을 깨운다. 절제된 아름다움의 채움과 비움, 자연과의 조화로움은 빽빽하게만 채우는 것이 아닌 채움과 채움 사이의 틈에서 생각하고 느낄 수 있도록 만들어 주는 것이 아닐까 생각하였다. 춘향전처럼 수백 년 동안 많은 사람에게 사유할 수 있는 힘을 전달하기를 바란다.

더 오래 •

　미술관의 외관은 비움이 있고 내관에는 채움이 있다. 김병종 작가는 작가만의 시선을 화폭에 남겼다. 주로 북아프리카, 남미 등을 다니면서 받은 영감으로 그린 그림들이 많다. 해외를 다니며 외국 이미지를 화폭에 그린다 해도 작가의 정체성은 남원 사람이다. 남원에서 구할 수 있는 자운영꽃이나 한약재를 갈아 안료를 만들고 한지를 오려 붙여 그림을 그리는 이유다. 미술관은 총 2층 규모로 그의 독특한 화풍을 음미할 수 있도록 공간을 구분해 전시하고 있다. 작품의 분위기를 고조시켜 주는 음악이 흘러나와 오랫동안 집중하여 전시를 감상할 수 있다.

　작가는 인문학과 철학에도 관심이 많기에 그림을 그리면서 떠오른 단상이나 사유를 묶어 기록한다. 휴식 공간에는 뉴욕, 파리, 튀니지 등에서의 기록을 묶은 『화첩 기행 1~5』가 비치되어 있다. 동양화가가 그린 세계 각지의 아름다움은 미술관을 찾는 사람들에게 공유된다. 학업, 직장, 취업 등으로 지친 현대인의 마음을 천천히 위로해 준다.

작품도 훌륭하지만 미술관의 건축물 역시 감각적이다. 미술관 안 휴식공간에서 바라보는 풍경은 또 하나의 예술 작품이다. 산, 정원, 예술이 한데 어우러져 장소를 감상하는 사람의 감정에 따라 공간의 해석은 얼마든지 자유롭게 달라진다. 건물로 들어가는 중앙 통로 양쪽은 바닥에 자갈을 깔아놓은 인공 못으로 조성되어 있다. 얕은 물 위로 미술관 건물과 산, 나무, 구름이 은은하게 투영된다. 바람에 찰랑이는 반영을 들여다보며 현실에서 한 걸음 떨어져 본다. 자연과 예술 위에 현실을 복기하고 가만히 숙고한다.

미술 작품을 보는 이유는 나를 직시하고 싶어서다. 결국은 내가 좀 더 나은 사람이 되고 싶어서일 테다. 때론 위로받고 싶고, 때론 어두운 마음을 비워내고 싶어서, 아름다움을 느끼며 나도 아름다운 사람이 되고 싶어서 예술을 감상한다. 인간은 감정적으로 아름다운 것에 끌리고 다가간다. 미술 작품 저마다 심미적 가치가 있다. 여러 미술 작품을 한꺼번에 모아 놓은 미술관의 역할은 무엇일까? 미술관이라는 공간이 갖추어야 할 심미성과 기능성은 어떠해야 할까? 결국, 공간 자체가 나를 생각할 수 있도록 만들어야 하는 것이 아닐까. 절제된 공간 안에 숲, 바람, 사람이 서로 조화를 이루는 곳에 스스로를 던져 넣어 나를 다시 생각해 본다. 낯선 감각이 깨어나는 순간 사유할 수 있다. 사유는 다시 자극이 되고 또 다른 새로운 생각을 불러일으킨다.

#26

서울
LG아트센터

•

햇살의 변화와 그림자의 색깔이
미묘하게 달라지는
아름답다고 느껴지는
이 순간
얼마 만인지

―

#발레하며발견 #공간자체가공연 #카페와레스토랑도우아해
#공연장투어필수

• LG아트센터 •

서울 강서 마곡중앙로 136 LG아트센터 서울
1661-0017

the ORANGE •

평생 운동이라곤 걷기와 숨쉬기가 전부였어도 살아가는 데 아무런 문제가 없었다. 하지만 30대가 훅 넘어가니 체력이 급격히 떨어지기 시작했다. 급기야 여행을 하는데 갑자기 무릎에서 '뚜둑' 소리가 나기 시작했다. 걷는 것도 아프기 시작하면서 건강에 적신호가 켜졌다. 살기 위해 운동을 시작할 수밖에 없었다. PT도 해보고 필라테스, 크로스핏 등 생존을 위한 운동을 하다가 '발레'를 만나게 되었다.

6개월 등록하면 2개월을 무료로 추가해 준다는 말에 한꺼번에 결재했다. 덕분에 반년 이상 일주일에 2번 정도 꼬박꼬박 예쁜 발레복을 입고 클래식 음악에 맞춰 춤을 추게 되었다. 평생 운동을 안 하던 사람이 갑자기 운동을 하려니 목각인형이 움직이는 것 같았지만 발레 시간은 흥미로웠다. 발레 학원에 가는 날이 거듭될수록 더 잘하고 싶었고, 발레에 대한 관심도 커졌다. 급기야 발레 공연이나 영화를 찾아서 보게 되었다. LG아트센터는 발레 공연을 직접 보고 싶다는 생각으로 인연을 맺게 되었다. 공연도 멋지지만 공간 자체도 발레를 보는 것처럼 율동감이 느껴져 언제 가도 기분이 좋아진다.

서울 강서구에 자리한 서울식물원 초입에 있는 LG아트센터는

세계적인 건축 거장 '안도 다다오(Ando Tadao)'가 설계한 건물로 유명하다. 안도 다다오의 건물은 콘크리트, 유리, 강철과 같은 재료를 그대로 노출한 채 건축에 사용해 독특한 물성 그대로의 아름다움을 보여준다. LG아트센터 역시 노출 콘크리트의 기하학적 형태감을 지닌다.

수도권 지하철 9호선 마곡나루역에서 LG아트센터로 이어진 통로를 따라 올라가면 스텝 아트리움을 마주한다. 지하 2층부터 지상 3층까지 공연장으로 안내하는 길로 24m 층고의 천장에서 우아하게 춤추는 키네틱 아트 작품 「MEADOW(메도우)」를 볼 수 있다. 네덜란드의 아티스트 팀인 스튜디오 드리프트(studio DRIFT)가 만든 설치 작품으로 천장에서 꽃이 피었다, 지기를 반복하며 아트센터에 입장하는 사람들을 반긴다. 작품의 색상은 LG상록재단에서 운영하는 화담숲에 자생 중인 진달래, 꽃창포 등 토종 꽃 7가지의 색으로 담았다. 빨간색, 초록색이라고 단정하기 어려울 만큼 오묘한 색감으로 공간을 채운다. 과하지 않은 은은한 아름다움은 LG아트센터 전 구조물에서 느낄 수 있다.

LG아트센터와 서울식물원으로 향하는 길에는 튜브 공간이 있다. 10m 높이에 달하는 기하학적 형태의 구조가 겹겹이 겹쳐 있어 입구부터 예술에 집중하도록 도와준다. 건물을 관통하며 기울어진 타원형 구조는 몰입감을 높여준다. 튜브 공간은 차가운 느낌의 노출 콘크리트 대신 나무 모양 알루미늄으로 이뤄져 따뜻한 분위기를 연출한다. 이 공간에서는 특별한 향기도 경험할 수 있다. 편백나무 향기 같기도 하고 어느 숲속 냄새 같기도 한 시원한 향이 공간을 들어선 순간 온몸에 확 퍼진다. 공연이 시작되기 30분 전에는 영국의 예술가 그룹 스튜디오 스와인(studio Swime)의 「Fog Cannon(포그 캐논)」을 볼 수 있다. 동그란 도넛 모양의 증기 고리들이 허공을 날아다니며 관람객들에게 또 다른 즐거움을 제공한다. 튜브 공간의 통로는 공연장, 교육센터, 디스커버리 랩 등 예술과 과학이 접목된 공간들로 연결된다.

LG아트센터에서 펼쳐지는 발레 공연을 본 횟수만큼 운동을 잘하게 되었냐고 묻는다면 자신 있게 답하기가 어렵다. 여전히 우아함보다는 '처절함'이 어울리지만 6개월 전보다 체력이 좋아진 것은 사실이다. 운동이라는 낯선 세계에 입문해 조금씩 나아지는 것처럼, 아름다운 공간에 계속 머물고 관심을 기울이다 보면 어쩌면 나도 공간을 닮은 사람이 되지 않을까.

더 오래 •

  노출 콘크리트의 웅장함을 제대로 느낄 수 있는 공간은 게이트 아크다. 1층 로
비로 사용되는 공간은 길이 70m, 높이 20m의 초대형 벽면으로 이뤄져 위치와 각
도에 따라 다르게 보인다. 콘크리트라는 무거운 건축 소재로 지어졌지만 실내의 리
듬감과 율동감이 느껴지도록 설계하였기 때문이다. 시간대에 따라 들어오는 빛으
로 다른 풍경이 된다. 오후 5시가 되면 입구에서부터 시그니처 홀까지 공간 안을 비
추는 빛과 그림자의 움직임을 볼 수 있다. 서쪽에 위치한 공간답게 노을 풍경이 일
품이다. 인간이 만든 공간과 작품, 자연이 만든 예술을 함께 감상할 수 있다. 게이트
아크는 LG아트센터의 로비이자 공연장의 중심이기에 늘 사람이 붐빈다. 아침이나
평일 점심이 둘러보기 좋다.

  공연장 위층에는 서울식물원을 훤히 전망할 수 있는 카페와 레스토랑이 있다.
2층 카페 TYPE은 묵직한 향과 맛이 느껴지는 핸드드립 커피부터 다양한 티와 디
저트를 판매한다. 음료를 들고 야외 테라스 자리에 앉으면 서울식물원의 사계절을
온몸 가득 즐길 수 있다. 3층 로마옥에서는 한적하게 식사를 할 수 있다. 고대 로마
를 연상시키는 석고상, 카펫, 액자 등의 다양한 소품으로 공간을 메워 클래식한 멋
이 느껴진다. 공연장에서 공연을 보고 느낀 감동을 유지하기 좋은 레스토랑이다.

더 깊게 •

　발레, 클래식, 뮤지컬 등 다양한 문화 공연이 주를 이루지만 공간을 알리기 위한 교육 프로그램도 이색적이다. 성인과 아동 모두 서커스 체조를 배울 수 있는 과정부터 아동을 위한 클래식 문화 활동도 있다. 때로 건축학과 교수를 초빙하여 아트센터 건축물에 대한 심도 있는 강연도 연다.

　세계적인 거장이 만든 건축물답게 LG아트센터 투어 프로그램도 있다. 전체적인 공간 구조 설명을 시작으로 배우들만 들어갈 수 있는 세탁실이나 분장실 등 무대 뒷모습도 보여준다. 다양한 공연장을 둘러보면서 무대 조명이나 음향 등 공연 시설과 기계의 기능적 특징을 상세히 엿볼 수 있다. 공연 분위기와 스토리텔링의 흐름을 도와주는 무대 조명 장치들이 흥미롭다. 잔향 시간을 조정하는 음향 환경도 놀랍다. 가로 12M에서 20M까지, 높이는 8M에서 12M까지의 공연장 안에 울리는 음향은 장르에 따라 다르게 소리를 반사시킨다. 객석의 배열이 자유자재로 바뀌는 것도 알 수 있다. 정면, 사선, 런웨이 형 등 아티스트와 공연에 따라 유연하게 조절된다. 지하철과 항공소음을 완벽히 차단하기 위한 건축 공법까지 공연장 구석구석을 모두 보여주는 투어 구성이 알차다.

#27

서울
빛의 시어터

·

많은 공간이 나에게 영감을 준다
그렇지만 아무 장소에서나
감동을 받지는 않지

감동을 하려면
모든 감각이 살아나야 해
조화롭게

—

#오감을일깨우는순간 #빛으로만든예술
#세상에서가장독특한 #차별화

• 빛의 시어터 •

서울 광진 워커힐로 177 워커힐호텔 B1층
1670-2827

the ORANGE •

나는 컴퓨터 공학을 전공했지만 그림책에 관심이 많다. 뒤늦게 디자인, 그 후에는 사용자 경험을 연구하게 되었다. 가끔은 모빌리티에, 시간이 지나 펫 상품에 대해 몰두하기도 했다. 회사에 다니면서 여행작가의 문을 두들기며 매일 새벽마다 글을 쓰기도 했다. 어떤 한 분야를 진지하게 파고들지 못하고 여러 관심사와 직업군을 노크할 때면 나의 정체성에 혼란이 생기곤 한다.

기획 업무만 오랫동안 몰두해도 모자랄 판에 이렇게 여행 글을 써도 되는 건가 싶기도 하고, 때론 교수들께 내 이름의 출간을 떳떳이 소개하지 못하기도 한다. 혹여나 전공 분야에 대한 논문은 한 줄도 쓰지 않으면서 여행 글을 썼다고 하면 어떻게 생각하실지 우려되기 때문이다. 모임을 가도 마찬가지이다. 그림책에 관심이 생겨 1년 동안 그림책 학교를 다녔지만 동료들과는 약간의 이질감이 느껴졌다. 온전히 그림책만 바라보는 이들과 한 다리 걸쳐있는 사람의 심리적 간극이라고 해야 할까?

장인 정신으로 전문 분야를 만들어 놓지 못했다는 생각이 나를 움츠러들게 만든다. 하지만 좋아하는 일인 만큼 계속 뭔가를 만들다 보니 서로 어울리지 않을 것 같은 분야들이 합쳐지기 시작했다. 좋아하는 그림책의 그림을 본떠 복잡한 IT 개념을 그리고, 기획할 때 도움이 되는 여러 여행 공간에 대해 기획자의 시선으로 강의도 한다. 서로 다른 분야의 장점들을 모아 또 다른 아이디어와 시너지를 만들게 되었다. 한 사람의 개성은 하나이건 열이건 자신이 좋아하는 것들을 얼마나 오랫동안 유지하느냐가 관건이지 않을까 생각해 본다.

공간 역시 한 가지로 정의 내리기 어려운 곳이 있다. 빛의 시어터가 그러하다. 우리나라를 대표하는 국립현대미술관이나 각 지역의 시립미술관처럼 전통적인(?) 미술관이라고 명명하기 어렵다. 예술의전당 클래식 공연장처럼 공연 전문 공간으로 설명하기도 애매하다. 다만, 여러 분야의 예술을 조합해 선보이며, 감정과 감각을 생생하게 일깨우는 복합 문화 예술 공간인 것은 확실하다.

4,958㎡(약 1,500평)의 공간과 21m의 층고라는 압도적인 스케일의 공간에서 비정기적으로 예술이 펼쳐진다. 구스타프 클림트(Gustav Klimt), 살바도르 달리(Salvador Dali) 등 세계적 거장들의 작품에 현대적 기술을 접목해 생동감 있는 새로운 작품으로 선보인다. 화려한 색을 뽐내는 빛으로 만든 작품 공간 속에 감동을 배가시키는 음악이 어우러진다. 공간 안에 들어서면 관람객은 더 이상 수동적으로 구경만 하지 않는다. 작품을 무대 배경 삼아, 음악을 배경 음악 삼아 춤도 추고 드러눕기도 한다. 커다란 공

연 무대 위의 배우들 같다. 사람들은 이곳의 예술을 몰입형 예술이라고도 하고 미디어아트라고도 한다. 관람 후에는 공연 잘 봤다고도 하고 전시 멋졌다고도 말한다. 가장 편안하고 자유롭게 충분히 감상할 수 있는 공간 그대로 예술일 뿐이다. 한 우물만 파지 않았다고 더 이상 자신의 정체성을 혼동하지 않는다. 대신 내가 좋아하는 것들을 어떻게 계속 지속할 수 있을까를 고민한다. 내가 좋아하는 것들을 선택하고 섞어 나갈 때 나도 나만의 개성이 생겨나지 않을까. 공간을 바라보며 용기를 가져본다.

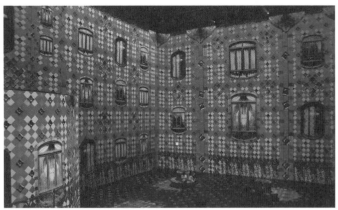

더 오래 •

  입구부터 공연장까지 꾸며진 전시 공간과 포토 존도 재미있다. 빛의 시어터에
서 펼쳐지는 공연의 이해를 돕기 위해 작가의 생애부터 작품 이력, 작가 노트와 작
품에 담긴 이야기 등을 전시한다. <달리: 끝없는 수수께끼>전에서는 작가의 대표
작인 입술 모양의 소파를 만들어 포토 존으로 꾸몄다. 꿈과 무의식의 장면들을 묘
사한 「기억의 지속」(1931)이라는 작품을 모티브 삼아 '흘러내리는 시계'를 소품으
로 만들어 사진을 찍을 수 있도록 공간을 구성하였다.

  대공연장과 연결된 스튜디오 안에는 메인 전시와 또 다른 주제의 전시를 하는
공간이 있다. 모든 공간은 철저한 방음 시설을 갖춰 빛과 소리로 만든 각각의 작품
이 서로의 영역을 침해하지 않는다. 빛의 시어터 안의 모든 곳은 역동적인 음악에
맞춰 빛으로 그린 그림들이 살아 움직인다. 빛의 크기와 움직임, 생생한 색감과 음
악 소리의 조화 속에서 몰입의 순간을 경험할 수 있다.

더 깊게 •

빛의 시어터는 그랜드 워커힐 서울(Grand Walkerhill Seoul)의 옛 가야금 홀을 개조한 공간이다. 당시 가야금 홀은 60년 역사를 가진 국내 최초의 공연장이었다. 공간을 개선하면서 과거 공연장의 명성을 전할 수 있도록 건물의 골격은 그대로 유지했다. 가야금 홀의 무대 장치였던 샹들리에나 리프트 같은 구조물 역시 다시 사용했다. 공연장의 오랜 정체성을 잘 살려 현대 미술 전시와 결합하니 더 특별한 느낌을 받을 수 있다. 무대 장치뿐만 아니라 과거 공연단 분장실도 현대적으로 재해석하여 활용한다. 실제 공연을 볼 땐 은밀하고 분주한 공연 뒷모습을 볼 수 있는 기회가 없다. 공연의 경계를 허문 빛의 시어터는 관람객 누구나 마치 공연단인 것처럼 분장실에 자유롭게 드나들 수 있다. 분장실에서 사진을 촬영하기도 하고, 거울 앞에서 관람객이거나 배우일 수 있는 내 모습을 직시하기도 한다.

거대한 스케일로 시선을 압도하는 공간도 많고, 웅장한 사운드로 뛰어난 음향 효과를 주는 곳도 많다. 거기에 공간과 작품 곳곳에 '빛'을 테마로 연출했다. 작품을 감상하는 공간에서 '빛'을 다루는 것은 무척 까다롭다. 작품 자체와 감상에 방해가 될 수 있기 때문이다. 하지만 어울리지 않을 것 같은 요소를 조화롭게 배합할 때 빛의 시어터 같은 특별한 경험이 탄생한다.

#28

서울
오프컬리

•

온라인 슈퍼가
현실로 나왔을 땐
어떤 모습일까?
나의 미식 취향을
알아볼 수 있는 장소

——

#식재료의재발견 #온라인매장이현실로
#취향의재발견 #영감쌓기

• 오프컬리 •

서울 성동 서울숲2길 16-9
0507-1377-1615

the ORANGE •

살림을 잘하지는 못하지만 맛있는 요리를 먹는 건 좋아한다. 재미있는 식재료를 구매해 놓는 것도 좋아해 시장에 가면 당근, 버섯, 브로콜리를 눈으로 보고 만지며 탐색하기를 즐긴다. 요리를 잘하는 것도 창조의 영역이다. 최고의 요리사인 시어머니는 시금치무침을 하실 때 '아주 약간'의 마요네즈와 겨자소스를 넣으신다. 시금치 특유의 텁텁한 맛을 없애기 위한 시어머니만의 특별 레시피다. 생각하지 못했던 소스를 아주 약간만 다르게 넣어도 평범한 시금치나물의 맛이 훨씬 다채로워진다. 맛을 창조하는 과정은 절대 머릿속 계산으로 이뤄지지 않는다. 식재료를 내 눈으로 직접 보고, 맛과 향을 음미해 보며 조합했을 때 새로운 맛을 발견한다. 그런 점에서 온라인 슈퍼는 늘 아쉽다. 핸드폰만 있다면 언제 어디서나 쉽게 접근할 수 있지만 직접 느끼며 제대로 탐색할 수 없기 때문이다.

마켓컬리와 뷰티컬리라는 온라인 마켓을 운영하는 주식회사 컬리 역시 이런 아쉬움을 알았는지 최근 오프컬리라는 이름의 오프라인 매장을 열었다. 더욱이 식재료 관련 교육 프로그램도 운영하는 슈퍼다. 이름의 오프(Off)라는 단어는 온라인의 가상 공간이 아닌 현실 공간을 말하는 오프라인(off-line)의 오프도 뜻하고, '잘 끄고(turn off) 잘 키자(turn on)'를 말할 때의 오프(off)

도 의미한다. 뭔가를 시작하거나 착수할 때 사용하는 '시작(Kick off)'의 의미도 크다. 오프컬리는 우리의 에너지를 '잘 끄고', 쉬면서 또 다른 시작을 '잘 키자'는 얘기다.

'잘 끄고 잘 키기' 위해서는 무엇이 필요할까? 새로운 지식, 오감을 여는 자극, 즐거운 소통이 있는 경험이 필요할 테다. 오프컬리에서는 특정 식재료를 집중적으로 탐색하고, 맛보고 느낄 수 있는 시간을 마련한다. 예를 들어 올리브라는 식재료를 통해 일상의 '풍요로움'이라는 가치를 전달하기도 하고 식초의 맛을 깊숙이 파고들어 음식의 '생동감'을 알려준다. 일상에서 자주 접하지만 제대로 안다고 하기엔 어쩐지 어색한 치즈를 주제 삼아 취향을 알아보는 프로그램도 있다.

나에게 '나의 취향, 나의 영감'은 어느 날 갑자기 나오는 것이

아니라 다양한 인풋들이 축적될 때 탄생한다. 섬세한 감각으로 여러 가지 경험을 조합하고 느껴볼 때 비로소 '내가 이런 것을 좋아하는구나'라는 나의 취향을 발견한다. 내가 무엇을 좋아하고 어떤 취향을 가졌는지 탐색하기 위해 감각을 열어 경험하는 과정에서 나의 취향은 또렷해진다. 내가 좋아하는 것만을 먹고 마시고 보기보단, 나랑 맞지 않을 수 있는 것들도 일단은 직시하고 받아들이고 경험해 보는 모든 과정이 중요하다. 이 과정에서 결코 쓸데없는 경험이란 없다. 나도 몰랐던 감각들을 일깨우고 받아들이는 연습을 꾸준히 하는 동안 내가 아는 것들이 전부가 아니라는 사실을 깨닫게 된다. 어떠한 편견이나 고정관념에 사로잡히지 않은 채 겸허히 마음과 생각을 열고 나만의 취향을 찾아 나가는 사람으로 살아가고 싶다.

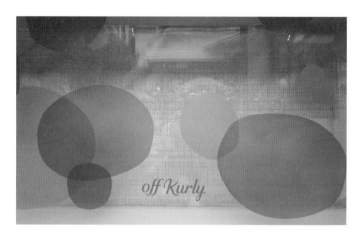

더 오래 •

　　오프컬리는 총 4층의 주택을 개조하여 만들어졌다. 2층부터 4층까지는 식재료를 경험하는 도슨트 프로그램을 운영하는 공간으로 사용된다. 프로그램은 시즌별 사전 예약을 통해 진행된다. 그동안 올리브오일, 식초, 치즈 등 다양한 식재료를 선보여 왔다. 프로그램을 운영하는 전문 강사는 여러 산지별 식재료를 맛보고 요리에 적용할 수 있는 다양한 방법을 안내해 준다. 공간이 작아 5~6명 정도의 인원만 한정적으로 수용하지만 그래서 더욱 밀도 높은 수업으로 진행된다. 내가 참여했던 올리브오일 프로그램의 경우 프리미엄 올리브오일 4가지를 원액 그대로 맛보고 그중 2가지를 골라 다른 식재료와 조합하는 과정으로 이어졌다. 후각과 미각만 동원하여 올리브오일의 식감과 향을 구분하는 방법도 배우고, 어떤 맛과 향이 나에게 더 편안하게 느껴지는지 경험하면서 감각을 새롭게 일깨우는 시간이었다. 참석자들은 스페인, 그리스 등 지역별 올리브오일을 한 컵씩 음미하면서 어떤 맛과 향이 연상되는지도 교류했다. 참석자 모두는 각자 좋아하는 향, 맛, 식감이 달랐다. 참석자들이 올리브오일을 시음하는 동안 각 올리브오일이 가진 배경에 대해 셰프 강사께서 설명해 주는 시간도 가졌다. 배경을 듣고 마셔보는 올리브오일은 또 다른 감각을 깨웠다. 마지막으로 그동안 시식했던 올리브오일을 곁들인 요리를 맛보았다. 셰프 강사는 참석자들이 일상에서 활용해 볼 수 있도록, 어떤 올리브오일로 어떻게 만들었는지를 자세히 설명해 주었다. 식재료 탐색에 이어 레시피를 제공하는 시식까지, 식재료에 대한 나만의 취향을 찾는 시간을 기분 좋게 마무리했다.

더 깊게 ●

　　1층 쇼케이스에서는 마켓컬리의 큐레이션이 돋보인다. 마켓컬리에서 취급하는 모든 제품을 비치해 놓기보다는 선정한 테마에 따라 식재료와 굿즈를 선별해 진열하는 형태이다. 입장 시 테마별 팜플릿을 제공한다. 쇼케이스를 둘러보면 스탬프를 발견할 수 있는데 받은 팜플릿에 찍으면 테마별 굿즈를 무료로 받을 수 있다. 쇼케이스 인테리어 역시 테마별 분위기로 꾸며진다. 진열 방식도 흥미롭다. 4단 서랍장 안에 식재료를 넣어두고 방문객이 직접 서랍을 열어 식재료를 발견해 보는 형태다. 벽지부터 작은 소품까지 테마에 맞춰 꾸며지니, 다른 나라를 여행하는 것만 같다. 그래서인지 이곳을 방문하는 사람들 대부분 식재료를 구입하는 목적보다 공간 안에 머무는 시간 자체를 즐기는 듯 보인다.

　　쇼케이스에 비치된 모든 식재료와 굿즈를 판매하는 것은 아니다. 식재료의 원산지 문화를 설명하기 위해 존재하는 소품도 많다. 슬렁슬렁 둘러보면서 식재료에 대한 이야기를 자연스럽게 경험하기 좋다. 공간에서의 경험을 일상으로 이어가고 싶을 때 관련 식재료를 구매하면 된다. 지중해 테마일 때는 지중해의 감성을 담은 레몬, 일러스트 도안, 향, 가구 등을 함께 배치해 지중해의 풍요로움을 간접적으로 만끽할 수 있었다. 단순히 지중해 레몬만 판매하는 것이 아니라 지중해의 식재료에 담긴 문화, 역사, 감성과 브랜드 스토리를 이해할 수 있도록 독려하는 공간이다. 전시와 판매가 이뤄지는 공간은 누구나 자유롭게 방문할 수 있다. 온라인 사진과 설명만 보고 구매해야 했던 마켓컬리의 일부 식재료를 직접 확인하며 구매할 수 있다. 33㎡(약 10평) 남짓한 작은 공간에 휴식할 수 있는 좌석도 알차게 자리한다.

#29

완주
삼례책마을

·

영혼의 문을 열어두고
오래된 양곡 창고를 바라보니
황홀한 경험을 환영할
책마을이 보이기 시작했다

———

#책러버들의성지 #삼례는책이다 #무인서점 #양곡창고의재발견
#은근힙한삼례

• 삼례책마을 •

전북 완주 삼례읍 삼례역로 68
063-291-7820

the ORANGE •

내가 살던 집 옆에는 수년째 운영되던 서점이 하나 있었다. 서점은 연예인이 나오는 잡지부터 인기 많은 만화책까지 내 마음대로 읽을 수 있어 세상에서 둘도 없는 놀이터였다. 서점에서 일하는 언니, 오빠들하고도 친해서 잡지 부록으로 나온 선물도 하나씩 받을 수 있었다. 스티커나 브로마이드를 얻어올 때마다 내 방 벽에 붙여두고, 만질 수 있는 특별한 경험에 매료되곤 했다. 시간이 지나 생존을 위한 필요만 쫓으며 모든 것이 빠르게만 변해갈 때쯤, 내 추억을 붙들어 주던 서점은 문을 닫았다. 아련한 추억 덕분일까. 어느 지역을 가도 자연스레 서점을 찾게 된다. 어떤 장소는 특별한 힘이 있어서 내가 무엇을 좋아했고, 어떤 경험을 했었는지 다시금 떠올리게 만든다. 시간은 자꾸 내 기억을 희미하게 만들지만, 기억 속 시간 그대로의 모습을 간직한 삼례책마을에서 기억은 시간을 거슬러 또렷해진다.

삼례책마을은 낡은 양곡 창고를 개조해 만든 공간이다. 영국 웨일스(Wales)의 한 탄광 마을이 헤이 온 와이(Hey on Wye)라는 헌책방 마을로 재탄생하여 60년 이상 명맥을 이어오고 있다. 삼례책마을 역시 이 마을을 벤치마킹하여 만든 공간이라고 한다. 기존 건축물을 없애고, 새롭게 만드는 대신 버려진 옛 창고나 공터를 활용해 '북하우스' '북갤러리' '책박물관'이라는 이름의 독서 공간으로 활용하고 있다.

삼례책마을의 중심 공간은 북하우스이다. 고서점, 헌책방, 카페로도 운영되는 북하우스에는 1960년대 출판된 고서적부터 구하기 힘든 각종 절판 책으로 채워졌다. 1950년대 잡지까지 볼 수 있어 장서의 표지만 봐도 한 편의 역사 드라마를 보는 것만 같다. 약 10만 권이 넘는 장서를 소장하고 있어 책들의 목록을 보는 사이 시간이 훌쩍 지나간다. 엄청난 규모의 장서는 바닥부터 천장 꼭대기까지 빼곡하게 꽂혀있어 보기만 해도 웅장하다.

어릴 적 서점에서 읽었을 법한 만화책부터 엄마가 잠자기 전 읽어주던 책까지 옛 추억을 소환하는 책들이 가득하다. 책을 하나씩 들춰보다 보면 시간은 가만히 멈춰있는 것만 같다. 책뿐만 아니라 오래된 엘피판(LP, long-playing record)도 있다. 김수희의 〈남행열차〉(1989)부터 90년대 가요계를 제패했던 가수 김건모의 1집 엘피판까지 보인다. 2층에는 책과 함께 과거 어딘가 그 시절을 연상시킬 수 있는 교과서, 지도, 장난감 등도 있다. 고서를 포함한 책과 음반, 장남감들은 모두 구매할 수 있다.

삼례책마을에서 책의 향기와 물성에 흠뻑 취하게 된 날, 오랜만에 몇 시간이고 진한 집중을 하게 되었다. 어쩌면 내가 그리워

했던 어린 시절은 책과 서점을 넘어 '나를 가장 나답게 만들어 주는 시간'이었던 것 같다. 언제부터인지 내 주변에는 '제발 좀 봐달라'고 외치는 화려한 콘텐츠가 많아졌지만 그 안을 비집고 들어갈 내 생각의 틈은 없어졌다. 투박하고, 불편하지만 상상할 여지가 있는 물성들에 마음이 가는 이유는 내 안의 것들을 떠올리게 만드는 여지가 있기 때문이다. 변화를 재촉하는 사회에서 변하지 않는 공간의 힘을 빌려본다. 나를 가장 나답게 만들어 주는 시간에 주목하면서 내 안의 추억과 꿈, 포근했던 기억을 천천히 만끽하고 싶다.

천천히 더 오랫동안 책을 읽고 싶다면 북하우스 1층의 책마을카페를 이용하면 좋다. 책마을카페에는 삼례의 로컬 푸드 베이커리 메뉴로 호두만주와 비스킷 등을 판매한다. 마을 협동조합에서 운영하기 때문에 가격도 합리적이다. 푹신한 의자에서 편안한 휴식을 취하다 느긋이 천장을 올려다보면 옛 창고 건물의 골격이 눈에 들어온다. 그대로 기대앉아 나무와 나무를 엇대어 창고를 지탱하는 옛 구조물의 건축 양식을 자세히 뜯어볼 수 있다.

북하우스 옆 건물은 책박물관과 북갤러리이다. 무인 서점이자 전시실로 운영하는 책박물관에서는 책과 문학 작품에 관한 다양한 전시를 볼 수 있다. 문학을 사랑하는 사람들이라면 누구나 알 수 있는 유명 작가의 작품을 선정해 작품과 작가의 세계 면면을 깊이 있게 소개한다. 펜으로 꾹꾹 눌러 쓴 편지나 당시 발간된 초판본과 같이 작가의 숨결이 고스란히 박제된 작품 세계에 오랫동안 머무르게 된다.

더 깊게 •

삼례책마을에서 5분 거리에 또 다른 양곡창고를 개조한 그림책미술관이 있다. 귀여운 캐릭터 동상들과 함께 층고가 제법 높은 건물이 보인다. 북하우스는 책으로 소통하는 장소라면 그림책미술관은 작품을 음미할 수 있는 장소라 할 수 있다.

한 권의 그림책이 나오기까지 수많은 드로잉과 채색이 필요한 과정을 보여주면서 결과물로써의 작품 하나가 아닌 작가가 겪는 고뇌, 행복, 기쁨의 복합적인 작업 과정을 설명해 준다. 〈빅토리아시대 그림책 3대 거장〉〈요정과 마법 지팡이〉 등과 같은 상설 전시를 통해 그림책 장르에 대한 깊이 있는 이해를 돕는다. 그림책 주인공들을 실체화한 목각인형이 천장 아래, 의자 위 등 공간 곳곳에 있다. 책에서 나온 목각인형들을 바라보면서 어린 시절 읽던 그림 동화책을 떠올린다. 그림과 활자가 한데 어우러진 공간은 마치 동화 속 한 장면을 엿보는 것만 같다.

#30

의정부
의정부미술도서관

•

내가 아는 도서관은
겹겹이 쌓인 책 속에서
긴장감을 느끼게 하는 곳인데

이곳은
카페인가, 도서관인가
쉼터인가, 놀이터인가

———

#도서관의재발견 #인싸로만들어줄도서관 #구하기어려운책도많음
#조명이예술

• 의정부미술도서관 •

경기 의정부 민락로 248
031-828-8870

the ORANGE •

한때 성격 유형 검사 중 하나인 MBTI(Myers Briggs Type Indicator, 마이어스와 브릭스의 성격 유형 검사 지표)가 유행했다. 재미 삼아 검사해 보니 '계획형'이라는 결과가 나왔다. 그도 그럴 것이 아주 오래전부터 어떤 일을 할 때 미리 계획을 세운 후 착착 진행해 오곤 했다. 모든 건 눈에 보이게 관리를 해야 안심이 되고, 진도는 수치로 표현해야 불안함을 떨칠 수 있었다. 애매모호하고 두리뭉실하기보단 명확한 것을 좋아하니 어쩌면 '계획형'이라는 결과는 딱 맞는 이야기일지도 모르겠다. 업무에서도 성격에서도 나는 늘 명확한 것을 좋아한다. 하지만 삶은 내가 원하는 대로 명확하게 이어지기보단 오히려 답은 찾지 못한 채 생각하고 고민만 하는 경우가 더 많다. 내가 하는 일은 무엇일까, 앞으로 어떻게 살아야 하는 것일까 등의 질문에 그 누가 명확한 대답을 할 수 있을까. 나 스스로 정답을 찾아 나가야 하겠지만 명확하고 뾰족한 대답을 단번에 내놓기는 어렵다.

일상생활에서 모호한 질문들이 머릿속을 떠다니기 시작할 무렵 해답을 찾아보려는 노력도 시작했다. 다른 사람들은 어떻게 살아가고 생각하는지 알기 위해 도서관에 들러 책을 읽고, 삶의 여정이 담긴 영화를 찾아보았다. 그리고 예술에 다가갔다. 그 어

떤 예술 작품도 '당신이 고민하는 문제에 대한 답은 이것입니다' 라고 속 시원하게 답해주지 않았다. 하지만 타인의 삶과 예술 작품 속 감정선을 따라 간접적으로 내 삶을 접목해 볼 수는 있었다. 예술 작품을 마주하면 할수록 모호한 삶 속에서 더 분명하게 나를 고민할 수 있게 되었다.

수많은 질문에 관한 명확하지 않은 답을 찾는 여정 속에서 자연스럽게 의정부미술도서관을 찾게 되었다. 의정부미술도서관은 생각을 확장하고 영감을 얻기 위해, 순수하게 심미적 탐구를 하기 위해 찾는 사람들로 북적인다. 도서관과 미술관을 융합하여 지적 갈망을 느낀 사람들에게 일종의 안식처 역할을 한다. 공간은 지식의 탐험과 발견을 장려하는 듯 개방감 있게 설계되었다. 복도를 걷다 보면 뜻밖의 훌륭한 예술 서적을 만날 수 있고, 바로 옆 책상에서 쉽게 탐독할 수 있다. 전체적으로 편안한 조명이 공간을 환히 밝히고, 창 너머 초록빛 풍경이 두 눈을 맑게 해준다. 충만한 사유와 평온한 휴식을 동시에 즐길 수 있다. 일반 도서관에서는 찾아보기 어려운 미술사나 비평서, 전시 도록은 물론 회화, 패션, 사진, 조각 등 국내외 예술 서적 수만 권이 비치되어 있다.

예술은 나에게 많은 이야기를 들려주고 창의적인 생각의 출구를 찾도록 도와준다. 명확하게 말하지 않아도 사진, 그림, 건축, 디자인에서 감정, 생각, 아이디어가 전해진다. 때론 예술 작품들을 바라보며 내 감정을 돌아보고 거창한 해결책은 아니더라도 소소한 감동과 위안을 느끼기도 한다. 타인과 함께 '감동'이라는 감정으로 연결되기도 하고 시각으로 마주한 정보를 온몸으로 습득하기도 한다. 이러한 경험들이 모두 합쳐져 독특한 관점이 만들어지고 어렵기만 했던 모호한 질문들에 대한 답이 될 때가 있다.

살아가는 건 명확하지 않은 질문들에 대한 자기만의 답을 찾는 여정이다. 나 혼자만의 생각으로는 어려운 문제가 풀리지 않으니 예술이나 책 같은 표현 수단으로 타인과 소통하고 주변을 이해하는 노력을 하게 된다. 그래도 풀리지 않는 문제가 생긴다면 그것 또한 받아들이려 애쓴다. 세상에는 숫자처럼 정확한 답이 있는 것도 아니고, 설사 답을 찾았다 할지라도 다른 방안과 생각이 있을 수 있다는 사실을 깨닫기까지 참 오랜 시간이 걸린 것 같다. 의정부미술도서관에서 책을 보다 보니, 문득 어른이 되려면 아직도 한참 먼 것 같다는 생각이 들기도 한다.

더 오래 •

　　도서관은 공간에 머무는 동안 예술 작품을 자주 접할 수 있도록 설계되었다. 벽면 곳곳에는 세계 명화 작품들을 전시하고, 화장실 벽면에도 명화가 걸려있다. 삽화가 아름다운 그림책 몇 권은 지나는 모두가 감상할 수 있도록 페이지를 활짝 펼친 상태로 전시되어 있다. 작품만 보면 전시관 못지않다.

　　도서관 중앙에는 1층부터 3층을 관통하는 나선형 계단이 있다. 이동 약자를 위한 엘리베이터도 있지만 계단을 오르내리면서 전시 중인 책들을 보다 보면 흥미로운 책과 작품들을 발견할 수 있다. 곡선형으로 배치된 책장을 가득 채운 장서를 두루두루 구경하는 것만으로도 새로운 풍경을 만나는 여행과 같다. 열람실처럼 폐쇄적인 공간 없이 모든 서가와 좌석은 개방적이다. 서가뿐만 아니라 음료를 즐길 수 있는 카페 역시 칸막이나 벽, 여닫이문 하나 없이 열려있다. 모든 공간이 열린 도서관 안에서는 타인과 소통하는 것도, 자신만의 방식으로 머물기도 좋다. 각자의 취향에 따라 책을 읽거나 작품을 보거나 무엇이든 편안하게 즐기며 머물 수 있도록 마련한 도서관의 배려 같다.

더 깊게 •

　건물 1층 전시실에서는 책과 예술에 관한 기획 전시가 때마다 열린다. 패브릭 아트, 영상, 샌드 아트와 같은 작품의 질감을 눈으로 확인할 수 있는 전시도 마련한다. 도서의 판형 제약으로 실제 크기를 가늠하기 어려운 작품도 종종 전시한다. 압도적인 실제 크기의 작품은 책에서만 봐온 그림과 또 다른 느낌을 준다.

　3층에 올라가면 작품을 만드는 과정을 볼 수 있는 오픈스튜디오가 있다. 신예 작가들에게 스튜디오 공간을 지원하고 있어 작가들의 작업실과 활동을 가까이서 볼 수 있다. 스튜디오 상주 작가들은 창작 활동 과정을 그대로 보여주기도 하고, 작가와의 대화 같은 프로그램을 통해 시민들과 만나 창작에 대한 이야기를 나누기도 한다. 이외에도 시민 도슨트 프로그램이 있다. 참여하는 시민들은 전문 도슨트 교육을 받으면서 전시와 작품, 작가를 설명하는 방법 등을 익히고, 나아가 개인적인 작품 이해도를 높일 수 있다. 교육 수료 후에는 시민 도슨트로서 도서관을 찾는 이들에게 작품 설명과 안내를 하는 자원봉사로 활동한다.

#31

인제
여초서예관

·

정갈하고 단정한 공간은
사람을 닮는다

나도 가고 싶다
공간을 닮고 싶어서

———

#손으로쓰는즐거움 #흐트러진마음잡기 #은근재미있는서예프로그램
#거장을엿보다 #낯선아름다움

· 여초서예관 ·

강원 인제 만해로 154
033-461-4081

the ORANGE •

매일 일어나자마자 필사를 하고 글을 쓴다. 내 생각을 말로 표현하는 게 서툴러 대신 글을 쓰기 시작하였다. 수년간 지속을 하면 좀 더 나아질 줄 알았지만 여전히 마음과 생각을 글로 정확히 표현하는 건 어려운 일이다. 외할머니가 코로나바이러스감염증-19에 걸리셨을 때 걱정되는 마음, 내가 수년 동안 애착을 가졌던 인형을 할머니가 버렸을 때 들었던 허탈한 감정, 가족을 사랑하는 마음의 총량을 글로 표현하는 건 쉽지 않은 일이다.

나의 취약점을 개선하고 싶어 습관을 만들었지만 습관마저 내 마음처럼 움직여 주지 않는다. 밤새워 드라마라도 보는 날에는 필사와 글쓰기는커녕 시간 맞춰 일어나기도 쉽지 않다. 이렇게 하루 이틀 건너뛰다 보면 다시금 책상에 앉아 글을 쓰기가 참 어려워진다. 스스로 슬럼프가 왔다고 체면을 걸은 채, 이럴 때일수록 더 쉬어야 한다며 뒹굴다가 '나는 왜 이럴까' 하는 수렁으로 빠지기도 한다. 이런 생활을 8년 넘게 이어가고 있다 보니 이제는 뛰어난 재능이 있는 사람보다는 지치지 않고 꾸준히 무언가 지속하는 사람들이 더 부럽다. 꾸준함은 쉽지 않다는 걸 누구보다 잘 알기 때문이다.

김응현 서예가를 알게 된 것도 내 습관이 무너지기 시작할 무

렵이었다. 일평생 서예를 쓰며 죽는 순간까지도 붓을 놓지 않았다는 칼럼 속 이야기였다. 심지어 교통사고가 나서 오른손을 사용하지 못할 땐 왼손으로 붓글씨 연습을 했다는 이야기는 호기심을 넘어 의구심까지 들게 했다. 그러면서 선생에 대해 찾아보게 되었고 선생의 글씨들을 감상하기 시작하였다. 서예에 대해 아무것도 몰랐지만, 선생의 글씨를 처음 보았을 때 알 수 없는 강인함이 느껴졌다. 시원시원하면서도 거침없는 글씨는 낯설지만 아름다웠다. 강원도 인제에 있는 여초서예관은 김응현 서예가를 기리는 장소다. '여초(如初)'는 처음과 같다는 뜻으로 김응현 서예가의 호다. 한국 서예사의 대가로 어떻게 평가받고 있는지 선생의 모든 발자취가 묻어있다. 작품뿐만 아니라 어린 시절, 생활 습관, 삶의 태도까지 모두 보여준다. 결과보다 과정을 중시하는 마음가짐으로 평생 일정한 박자를 지키며 글만을 써온 꾸준함을 배우고 싶을 때면 나는 인제로 떠난다.

물과 직선, 여백이 만든 공간은 담백하다. 주변 자연환경이 물에 비칠 땐 공간의 빛은 다채롭게 변한다. 직선의 단정한 건물에 적힌 서예 작품은 공간에 강인함을 더한다. 김응현 서예가의 글씨가 가진 강인함 그대로다. 봄, 여름, 가을, 겨울 언제 찾아가도 한결같다. 건물과 자연이 하나 된 단정한 아름다움도 변함없다.

꾸준함이 덕목이었던 선생을 닮았다.

건물 외벽에는 선생의 대표작 중 하나인 「西磵草堂偶吟(서간 초당우음)」이 새겨져 있다. 조선 후기의 청음 김상헌 학자의 한시로 '서쪽 시냇가에 있는 초당에서 언뜻 떠올라 읊다'라는 뜻이다. 물과 자연이 조화된 건축물과 한시의 뜻을 함께 생각하며 바라보니 의미를 담은 선생의 글씨와 의미를 전하는 건축물이 더욱 조화롭다. 서예관을 나오면서 선생이 작고하는 날까지 붓글씨를 써 올 수 있었던 힘은 무엇이었을까 생각해 보았다. 붓글씨를 소중히 여기는 신념과 자기 삶에 대한 존중에서 비롯한 철저한 자기 관리였으리라 짐작하였다. 나의 능력을 키우기 위한 시간이 부족하다거나 그간 나의 노력이 무너졌다고 생각할 때면, 일평생 시간을 바쳐 자신의 신념을 지켜낸 거장들의 모습을 바라보며 나를 돌이켜본다. 새로운 창조, 번뜩이는 영감은 뭐라도 하고 있을 때 찾아오는 경우가 많다. 여초서예관의 공간처럼 담백하게, 여초 김응현 서예가처럼 꾸준하게, 나의 하루하루도 담대히 지속하고 싶다.

더 오래 •

    서예는 고리타분한 것이라 지레 겁을 먹을 수 있지만 체험 프로그램에 참여해
보면 괜한 우려는 바로 무너진다. 도어벨, 캘리 우드링, 독서대 만들기 등 캘리그래
피를 접목한 다채로운 만들기 프로그램을 운영한다. 가볍고 쉬운 체험도 많다. 터
치스크린 방식의 키오스크 단말기에 손가락으로 한 획씩 꾹꾹 눌러가며 디지털 필
사를 해볼 수도 있다. 서체 종류인 판본체나 궁체 등을 직접 따라서 그리듯 써보면
서예를 한 번도 안 해본 사람이라도 근사한 작품 하나가 완성된다. 김응현 서예가
의 대표 작품들도 키오스크 단말기에 모두 담겨 있어 하나하나 직접 따라서 필사를
해볼 수 있다. 어린이들을 위해 제작한 스티커 북도 제공한다. 김응현 서예가께서
사용했던 인주, 연적, 붓 등이 그려진 스티커를 책상이 그려진 종이에 자유롭게 꾸
며볼 수 있다. 과거에 본명 대신 사람의 성격이나 능력, 취향을 반영해 호(號)를 만
들었던 것처럼 자신의 호를 직접 지어 서예로 써보거나, 붓글씨가 새겨진 인장(印
章)을 찍어보는 체험도 운영한다. 하나둘 가볍게 체험하다 보면 자연스럽게 서예를
즐길 수 있게 된다.

더 깊게 •

　　서예의 특별한 점은 글자 자체의 아름다움에 감동하면서 글자에 담긴 사상과 정신까지 음미해 볼 수 있다는 것이다. 이런 이유로 붓글씨 연습을 할 때 사상이나 정신을 매우 신중하게 여겼다고 한다. 타인의 잘못된 사상이나 정신에 의존해 연습 대상을 삼지 않도록 주의해야 한다. 그래서 여초서예관은 김응현 서예가가 항시 심사숙고하여 선택한 교재와 필서(筆書, 붓으로 글자를 쓰는 것) 자료 등을 전시하며, 서예에서의 사상과 정신의 중요성에 대해 자세히 설명하고 있다. 도서와 온라인 자료로는 선생의 최종적인 작품들만 주로 확인할 수 있지만, 여초서예관에서는 선생이 생전에 사용했던 붓과 먹 등 서예 도구들과 라이터, 재떨이 등 소소한 일상용품까지 볼 수 있다. 흥미로운 전시 공간을 돌며 작품과 물건들을 하나하나 살피다 보면, 기교만 부려 '잘 쓴' 글자가 아닌 올바른 정신과 사상을 담아 '의미를 만드는' 글씨가 주는 예술적 감동이 몰려온다.

#32

전주
학산숲속시집도서관

•

하루하루
작은 문제들의 연속일 때
나를 위로하는
도심 속 쉼터

———

#자발적은둔 #도심속쉼터 #마음으로보는시집 #시알못이라도괜찮아
#카페인가도서관인가

• 학산숲속시집도서관 •

전북 전주 완산 평화동2가 산81
063-714-3525

the ORANGE •

엄마가 잠깐 편찮으셨을 때가 있었다. 우리 부모님은 평생 타인의 아픔을 어루만져 주셔서 정작 엄마가 편찮으실 거라곤 생각도 하지 못했다. 태어나서 처음으로 보호자 생활을 하면서 몸보다 마음이 힘들었던 이유는 '왜 하필'이라는 생각으로 머릿속이 꽉 차 있었기 때문이다. 보호자로서 내가 할 수 있는 일이라곤 보릿자루처럼 주무시는 엄마를 바라보는 일 밖에는 없었다. 당혹스러운 마음으로 나의 병실 생활이 시작되었다. 이상하게 병실에서의 시간은 빠르게 지나갔다. 엄마가 주무실 때 책이라도 읽어보려 했지만 글자가 눈에 들어오지 않았다. 가족이 아프다는 걱정과 두려움으로 마음이 잠식당해 책을 읽을 수 없었다. 보호자로서 자격 미달이라는 생각까지 이르렀을 때 병원에 비치된 시집 속 단어들을 조금씩 곱씹었다. 짧은 텍스트가 주는 울림과 위안이 꽤 컸고, 부스러지려는 내 마음을 일으켜 세울 수 있었다.

엄마가 퇴원하시고 나도 일상으로 복귀할 때쯤 '시'에서 얻는 위안이 필요해서 학산숲속시집도서관으로 향했다. 전주 도심에서도 약 30분 정도 차를 타고 이동해야 나오는 도서관은 찾아가긴 까다롭지만 시집에 파묻혀 몰두할 수 있는 공간이다. 나무가 꽤 울창한 오솔길을 따라 걷다 보면 만날 수 있는 도심 속 은둔처

이다. 도서관에 들어가 유리 창문으로 바깥 풍경을 바라보면 햇볕이 부서지는 깊은 산속 어딘가에 있는 것 같았다. 시집으로 가득 찬 선반 모서리에는 처음 시집을 읽는 사람도 시집을 쉽게 선택할 수 있도록 키워드를 제시해 놓았다. '나무' '숲'과 같은 주제별 시집들이 한데 묶여 있어 주제를 따라 시집을 발견하는 즐거움이 있다.

책을 읽을 수 있는 공간은 1층과 2층으로 분리되어 있다. 어디든 공간이 아늑하고 포근해 자유롭고 편안하게 앉아 책을 읽을 수 있다. 마음에 드는 책 몇 권을 골라 앉아 읽을 자리를 찾아보기 시작하였다. 매력적인 분위기의 구석 의자에 걸터앉아 골라온 시집을 읽었다. 나태주 시인의 「혼자서」(『꽃을 보듯 너를 본다』 지혜, 2016)와 류시화 시인의 「저편 언덕」(『그대가 곁에 있어도 나는 그대가 그립다』 열림원, 2015) 같은 시를 읽으면서 천천히 각 단어와 문구를 깊고 깊게 숙고했다.

더 오래 •

    학산숲속시집도서관이 특별한 이유는 '시집'이라는 테마에도 있지만 도서관 주변의 아름다운 경관 덕분이기도 하다. 울창한 숲길을 걸으며 자연을 만끽할 수 있다. 산책길은 잔잔하고 고요한 맏내호수(장천제)까지 이어진다. 호숫가 덱을 따라 걷다 보면 복잡한 일상의 생각들을 정리할 수 있다. 도서관에서 책을 읽는 중간중간 숲속 오솔길 산책을 추천한다. 발길 닿는 대로 걷다가 마주하는 풍경의 운치는 그대로 한 편의 시를 읽는 것과 같다. 도서관과 시집에서 받은 감동의 여운은 더 오래 남는다.

    도서관에서 마련한 다채로운 프로그램에 참여해 보는 것도 좋다. 도서관 안의 창가 쪽 자리에 필사 코너가 마련되어 있다. 필사 자리에는 종이와 각종 필기구가 준비되어 있다. 맏내호수를 바라보다 시 한 편을 천천히 필사하는 동안 시와 풍경은 오롯이 나의 것이 된다. 다른 사람들이 이미 필사한 종이들도 걸려있다. 성인뿐만 아니라 아이들이 필사한 것들도 제법 눈에 보인다. 꼬불꼬불한 글씨체부터 귀여운 그림이 어우러진 필사 종이까지, 고르고 고른 시들도 다양하다. 글씨 하나, 시 한 편에도 각자의 개성이 묻어난다.

더 깊게 •

　1층 책장에는 시인들이 직접 들려 친필 사인한 책들을 따로 모아두었다. 다른 한 편엔 시 자판기가 있다. 화면에 나오는 간단한 질문에 답을 하면 그에 맞는 시를 추천해 준다. 시를 자주 읽지 않는 현대인들을 위한 일종의 시 처방전이다. 개인별 대답에 대한 추천이다 보니 평소 시를 읽지 않은 사람이라도 맞춤 처방 시 한 편쯤은 펼쳐보게 된다.

　도서관의 2층 계단을 올라가면 친구 집 다락방과 같은 포근한 장소가 나타난다. 푹신한 쿠션과 방석, 동그란 앉은뱅이 원목 의자가 있어서 편안하게 책을 읽을 수 있다. 2층 책장에는 만화로 된 시집이나, 어린이가 읽기 좋은 시집 등이 많이 보인다. 아이들이 편안하게 신발 벗고 누워서 책을 읽고, 만지는 광경이 자연스럽다. 찾아오는 길이 아무리 까다로워도 이런 평온한 장면들이 그리워 이따금 이곳을 찾게 된다. 때로 시를 읽으며 공감하고, 시에게 위로받으며, 내 일상의 어둠을 조금씩 걷어내고는 했다. 이제 엄마는 건강을 회복했고, 다시 예전처럼 내게 농담을 건네신다. 가족의 안녕에 마음속 조명이 켜진다. 이제 더 이상 어두운 감정을 달래기 위해 시를 찾지 않아도 괜찮다. 시가 주는 언어와 공간이 전하는 사유의 아름다움을 느끼기 위해 떠난다. 어느 날은 나만의 쉼터, 또 어느 날은 아름다움을 탐닉하게 해주는 공간에서 오늘도 시를 읽는다.

#33

파주
황인용 뮤직스페이스 카메라타

•

한쪽 귀는 듣고
다른 쪽 귀는 느낀다
음악이 있는 공간은
영감이 들려오는 공간이다

———

#반가워요클래식 #이야기가있는음악 #비오는날가면좋은곳
#귀호강 #도심속음악대피소

• 황인용 뮤직스페이스 카메라타 •

경기 파주 탄현면 헤이리마을길 83
031-957-3369

the ORANGE •

여행을 떠날 때 어떤 짐부터 꾸리느냐에 따라 그 사람이 무엇을 중요하게 생각하는지가 보인다. 패션을 사랑하는 남편은 여행지에서 멋지게 보일 수 있는 옷가지를 먼저 챙긴다. 부모님의 경우 타지에서도 맛있게 식사하시기 위해 즉석밥, 비빔 고추장 튜브와 같은 한국 식재료들이 먼저다. 내가 먼저 챙기는 건 '두둑한' 음악 플레이 리스트와 '여러 종류의' 이어폰이다. 음악은 여행 감성을 보다 풍부하게 만들어 주는 최고의 장치다. 산, 바다, 사찰 등 여행지마다 조각조각 나만의 맞춤형 플레이 리스트를 마련해 여행의 추억과 함께 오랫동안 간직한다. 그래서인지 타인의 음악 플레이 리스트를 엿보는 건 그 사람이 좋아하는 장소, 성향, 관심사를 알아보고 나의 음악 취향과 비교해 볼 수 있는 재미있는 일이다.

음악이 주인 공간은 어떤 사람이 어떤 생각으로 만드느냐에 따라 온도 차가 있다. 대개 큰 자본을 투자해 만들어진 곳은 공간이 주는 따스한 느낌은 적지만 볼거리는 많은 편이다. 똑같이 음악을 주제로 만든 공간이어도 어떤 공간은 온화한 감정이 들고 즐거운 스토리가 묻어난다. 좋아하는 사람에게 편지를 쓰듯 일평생 애정을 담아 타인에게 음악을 소개하였던 사람이 운영하는 음악 공간이 그러하다. 차가운 질감의 콘크리트 건축물에 자리해도 온기가 전해지는 그런 곳이다. 음악이라는 취향 안에서도 공간을 만든 사람과 공간을 찾아가는 사람들이 어떤 가치를 추구하느냐에 따라 공간의 온도는 확연히 달라진다. 황인용 뮤직스페이스 카메라타에 들어서면 그 온도 차를 정확히 확인할 수 있다.

카메라타(Camerata)는 이탈리아어로 '작은 방'이라는 뜻이다. 카메라타, 작은 방이라는 이름이 주는 정겨움이 좋다. 작고 소중한 방을 예쁘게 꾸미고 싶은 마음이었을까. 자기만의 작은 방에 소중한 사람을 초대하고 싶은 마음이었을까. 거친 콘크리트 건물 안으로 들어서면 음악을 정말 사랑하는 주인의 정성이 고스란히 느껴진다. 입장 시 정갈하게 제공되는 음료 너머 약 1만 5천 개의 아날로그 엘피판을 보며 아직 대면하지 않은 주인의 음악에 대한

애정을 가늠해 본다. 여행지에서 들을 음악을 진지하게 고르는 나의 취향처럼 아마도 주인은 이곳을 찾는 모두에게 어울리는 취향을 고심하고 무척 진지하게 음악을 고르고 골랐을 테다.

3층으로 이뤄진 공간의 층고는 음악의 광폭을 담기에 충분해 보인다. 이곳의 목적은 음악 감상이라는 것을 강조하듯 음향이 공중 위로 광활하게 울려 퍼진다. 투명한 창 너머 그날의 하늘도 은은하게 펼쳐진다. 한바탕 비가 쏟아지는 날에는 빗소리가 음악과 어우러져 공간 속 울림은 보다 다채로워진다. 웅장한 클래식 음악에 더해지는 빗소리는 또 하나의 선율로 조금 더 부드럽고 잔잔한 리듬감을 더한다.

어떤 공간을 좋아한다는 건 그 공간을 만든 사람과 그의 가치관을 좋아한다는 것이고, 그런 이가 만든 공간에서 보내는 시간까지 좋아한다는 의미다. 내가 좋아하는 공간의 특징은 그곳을 만든 사람의 뚜렷한 취향이 담겨 있어야 한다는 것과 공간 곳곳에 따스한 감성이 묻어있어야 한다는 것이다. 뚜렷한 취향과 따스한 감성이 있는 곳은 어쩐지 나도 닮고 싶다는 생각이 들게 만들고, 그런 생각이 들었던 곳은 시간이 지나도 늘 그립다. 카메라타는 음악을 사랑하는 사람의 취향이 뚜렷하게 담겨있다. 취향이 확고한 사람은 그 주제에 대한 깊이가 남다르다. 나 역시 내가 좋아하는 것이 무엇인지, 왜 좋아하는 것인지 뚜렷한 취향을 갖고 싶다. 좋아한다는 막연한 감정이 모호하게 흩어지지 않고, 뚜렷한 취향으로 단단하고 깊게 뿌리내리고 싶다. 따스한 감성은 이미 마음속에 넘친다.

음악을 감상하는 방식이 재미있다. 듣고 싶은 음악을 적은 뒤 뮤직스페이스 공간 안쪽에 슬며시 가져다 놓으면 된다. 신청곡의 순서가 되면 1900년대 만들어진 스피커를 통해 음악이 울려 퍼진다. 라디오에 희망곡을 보내면 선곡된 음악이 나오지만, 이곳을 찾는 사람들이 적어 내는 신청곡은 장르와 상관없이 모두 선곡되어 함께 듣게 된다. 음악은 모두 엘피판으로 플레이되어 공간 안은 엘피판만의 묵직한 음감으로 가득 찬다. 디지털이 아닌 엘피판으로 듣는 음악은 사실 조금 불편하다. 엘피판도 찾아야 하고, 턴테이블의 먼지도 닦아야 한다. 엘피판을 손으로 직접 턴테이블에 올려야 하는 수고도 만만치 않다. 엘피판을 플레이시키는 일련의 과정은 버튼 하나만 누르면 간편하게 들을 수 있는 음악 감성과는 분명 다르다. 그렇지만 이곳에 모인 사람들은 설레는 마음으로 신청한 음악을 기다리고, 주인은 소중히 간직한 엘피판을 턴테이블에 올려 사람들에게 음악을 틀어주는 시간을 함께한다. 모두 함께 음악에 대한 무언의 존중을 담아 음악을 공유한다.

주인은 종종 출판사와 협업을 진행하기도 한다. 최근에는 '문학동네'와의 협업으로 입구에 출판사에서 출간한 여러 종류의 책을 미니 도서관 형태로 전시했다. 마음에 드는 책을 자유롭게 집어 원하는 자리에 앉아 음악도 감상하고 독서도 하는 시간이었다. 때론 2층과 3층의 공간을 활용해 기획 테마에 맞는 책의 일부를 전시하기도 한다. 주말에는 책 낭독회가 열리기도 하니 책과 음악을 좋아하는 사람들의 즐거움은 배가 된다.

더 깊게 •

　카메라타 천장을 가만히 올려다보면 거대한 목재판이 보인다. 목재 사이사이에 만들어 놓은 틈이 소리를 흡수하는 역할을 한다. 공간 외벽은 차가운 콘크리트로 이루어졌지만 천장은 나무를 배치해 거대한 자연이 공간을 감싸 안은 것만 같다. 3층에 올라가면 유리창 너머 울창한 숲 풍경도 볼 수 있다.

　음악은 시간을 더욱 풍성하게 만든다. 연주자의 이야기를 직접 들으며 공연을 통해 함께 호흡하고 싶다면 이곳에서 열리는 콘서트를 추천한다. 대형 공연장과 달리 아주 가까운 거리에서 연주자의 눈빛, 표정, 선율을 세밀하게 감상할 수 있다. 어떤 음악을 들려줄지 플레이 리스트는 미리 공지가 되지만 상황에 따라 연주자의 선곡이 달라지기도 한다. 왜 이 곡을 선곡하였고, 연주자에게는 어떤 스토리가 담겨 있는지 설명을 덧붙이는 것이 이곳의 콘서트에서 볼 수 있는 특별함이다. 연주자의 이야기를 따라가다 보면 음악과 공간과 시간은 더욱 특별하고 풍성해진다. 디지털 화면 속 알고리즘에 의해 무작위로 선정되는 음악이 아니라 확실한 취향과 따스한 감성으로 섬세하게 선별된 음악, 거기에 인간의 사유와 이야기를 더해 전해지는 음악은 또 다른 음악, 또 다른 세상으로 우리를 데려간다.

·

사유하고
깨우고
피어오르는
창조의 색

—

the ORANGE 머묾 여행
작가들의 이야기

공간의 틈 안에 사유 찾아, 머묾

———

박상준

알고 있다. 사유라는 말은 너무 거창하다. 사유가 무거운 세계에 살고 있기 때문이다. 우리는 바쁘고 바쁘다. 그래서 '쉴 새 없다'는 말은 참 슬프다. 자주 국어사전을 검색한다. 사유는 "대상을 두루 생각하는 일"이라 나온다. 두루는 "빠짐없이 골고루"다. 편식하지 않는 생각. 참 좋은 말이다. 거기에 '천천히'라는 말을 덧붙여 본다. 대상을 두루 천천히 생각하기, 슬로 모션처럼 느린 동작으로 구석구석 눈을 맞추기.

'여행을 노력한다'는 건 말이 되지 않는다는 걸 안다. 그럼에도 노력하는 건 천천히 걷기다. 직장보다는 조금 느린 속도로, 업무보다는 조금 덜 전투적으로, 여행의 공간을 바라보고 사랑하는 사람의 눈, 코, 입을 고루 살피는 일.

머문다는 건 그 모든 목적의 첫 걸음지다. 이 책 속에는 내가 좋아하는, 그래서 천천히 생각하고 오래 머물렀던 자리들을 모았다. 그곳을 떠올리면 그곳에 있지 않아도 잠시 고요해져 좋다. 천천히 생각하기. 느리게 걷기, 삶을 늘여 살아내기, 쉴 새를 만드는 몸짓. 오늘 당신의 사유 역시 그러했으면 좋겠다.

오감과 감성이 깨어나, 머묾

———

송윤경

"때때로 큰 생각은 큰 광경을 요구하고, 새로운 생각은 새로운 장소를 요구한다. 다른 경우라도 멈칫거리기 일쑤인 내적인 사유도 흘러가는 풍경의 도움을 얻으면 술술 진행되어 나간다." - 소설가 알랭 드 보통(Alain de Botton), 『여행의 기술』(청미래, 2011)

나는 이 문장을 여행가로서 삶을 살아가는데 모토로 삼았다. 고민이 있거나 일이 풀리지 않으면 차에 시동부터 걸었다. 정해진 장소는 없었다. 대자연과 예술, 문화, 역사적인 장소까지 가리지 않고 그곳에 가 나를 앉혔다. 그러면 안내자를 만난 것처럼 길이 보이고 순조롭게 진행되곤 했다. 사실 나는 집을 벗어나면, 인지에서 오는 이질감 탓에 불안해지기도 했다. 효율적이지 못한 노선 선택이나 식당을 찾는 데 오래 걸리는 것처럼 말이다. 그래도 여행을 떠나면 떠날수록 익숙한 장소와 낯선 곳의 간극이 좁혀졌다. 그 과정에서 오감과 감성이 동시에 깨어나 내면을 깊숙이 들여다볼 수 있었다. 생각의 폭이 넓어지고 여행지에서 받은 영감이 서로 손을 잡으며 새로운 삶을 낳았다.

어느 순간 속 영감이 피어올라, 머묾

—

조정희

매일 새로운 서비스를 기획하고 사용자들의 데이터를 관심 있게 보고 있다. 타인이 무엇을 불편해하는지 늘 생각한다. 타인의 감정과 행동에 공감하기 위해서는 나도 같은 상황에 놓이는 것이 좋다. 현실적으로 어려우니 여행을 통해 경험으로 느끼고 생각한다. 마음이 헛헛할 때, 생각이 많아질 때, 재미있게 놀고 싶을 때, 이 순간의 상황과 감정들을 모아놓는다. 그리곤 상황에 잘 어울리는 장소로 나를 데려간다. 소개된 장소마다 나의 이야기가 담겨있다. 내가 겪었던 상황별 처방 장소이다. 모두 내게 영감을 주었던 장소이고, 재미있게 머물러 잊힌 마음까지도 불러일으킨 곳이다. 때론 동심이 될 수도 있고, 평온, 호기심, 흥미 등을 소환시켜 준 장소이다. 오랫동안 찾아 헤매다 간신히 찾은 처방 장소이기도 하다. 나를 가장 나답게 만들어 준 장소이기에 오랫동안 머물고 싶고, 장소를 닮아가고 싶다. 아름다운 기억에는 항상 장소가 필요한가 보다. 내 일상이 아름답고 특별한 영감으로 채워질 수 있도록 오늘도 떠나본다.

the ORANGE 머묾 여행

초판 1쇄 발행　　2023년 11월 22일
지은이　　　　　박상준 송윤경 조정희
책임편집　　　　김애진
디자인　　　　　홍혜정

펴낸 곳　　　　여가콘텐츠 FreeTimeContents
펴낸이　　　　　김애진
출판 신고　　　2017년 7월 31일 제2017-000010호
주소　　　　　인천광역시 미추홀구 경원대로 717
전화　　　　　0507-1363-2148
이메일　　　　aj_foto@naver.com
인스타그램　　@freetimecontents

여가로운삶

ISBN 979-11-978377-2-2(13980)

Next Rainbow series is
the YELLOW